教育部职业教育与成人教育司推荐教材配套教材·
中等职业学校计算机技术专业教学用书

Photoshop 8.0 案例教程 上机指导与练习

（第2版）

石文旭　主编

电子工业出版社
Publishing House of Electronics Industry
北京·BEIJING

内 容 简 介

本书为中等职业学校的读者编排了科学的学习、练习流程。根据《Photoshop 8.0 案例教程（第 2 版）》的总体结构和内容，本书共分 7 章，每章均根据《Photoshop 8.0 案例教程（第 2 版）》所讲的主要内容给予上机实战案例和技术分析。本书通过对大量案例的实战演练巩固对《Photoshop 8.0 案例教程（第 2 版）》的理解和学习，用实战案例来诠释理论知识是本书的一大特色。

本书还配有电子教学参考资料包，包括素材文件、教学指南、电子教案、习题解答。

未经许可，不得以任何方式复制或抄袭本书之部分或全部内容。
版权所有，侵权必究。

图书在版编目（CIP）数据

Photoshop 8.0 案例教程（第 2 版）上机指导与练习 / 石文旭主编. —北京：电子工业出版社，2009.8
教育部职业教育与成人教育司推荐教材配套教材·中等职业学校计算机技术专业教学用书
ISBN 978-7-121-08046-3

Ⅰ. P… Ⅱ. 石… Ⅲ. 图形软件，Photoshop－专业学校－教学参考资料 Ⅳ. TP391.41

中国版本图书馆 CIP 数据核字（2008）第 210379 号

策划编辑：关雅莉
责任编辑：关雅莉　肖博爱　　特约编辑：吴俊华
印　　刷：北京七彩京通数码快印有限公司
装　　订：北京·七彩京通数码快印有限公司
出版发行：电子工业出版社
　　　　　北京市海淀区万寿路 173 信箱　邮编 100036
开　　本：787×1092　1/16　印张：10　字数：256 千字
版　　次：2005 年 10 月第 1 版
　　　　　2009 年 8 月第 2 版
印　　次：2021 年 7 月第 11 次印刷
定　　价：22.00 元

凡所购买电子工业出版社图书有缺损问题，请向购买书店调换。若书店售缺，请与本社发行部联系，联系及邮购电话：（010）88254888，88258888。
质量投诉请发邮件至 zlts@phei.com.cn，盗版侵权举报请发邮件至 dbqq@phei.com.cn。
本书咨询联系方式：（010）88254617，luomn@phei.com.cn。

前言

《Photoshop 8.0 案例教程（第 2 版）》一书作为中等职业学校计算机图形图像处理专业的专业教材，已由电子工业出版社出版。为配合该书的使用，方便学生的上机操作与练习，我们编写了本书。

对于平面设计人员、网页设计人员、多媒体设计人员、三维动画和效果图的设计人员来讲，Photoshop 8.0 无疑为用户带来全新的体验与惊喜。

本书针对中等职业学校图形图像专业的培养目标和学生的特点，在内容取舍上不求面面俱到，而是强调实用性、实战性、专业性，编写中注意了与教材总体结构的呼应和衔接。结合《Photoshop 8.0 案例教程（第 2 版）》的内容，全书分为以下 7 个部分。

第 1 章 Photoshop 8.0 概述，练习该软件的几种启动与退出方式。

第 2 章图像文件的基本操作，练习图像文件的打开、保存与调整。

第 3 章工具的使用，练习常用工具的使用技巧。

第 4 章浮动控制面板，练习图层的使用技巧及蒙版的处理技巧。

第 5 章平面与美学艺术，练习平面构成。

第 6 章数码图像的处理，练习对数码图像的处理。

第 7 章案例实战，练习多种案例的制作技巧。

本书在内容编排上采用了面向任务的方式，并根据对教材中知识内容的学习进度，精心安排具有指导意义的上机实例。书中强调理论知识与实际应用的结合，让读者快速理解和掌握使用 Photoshop 8.0 的各种实用功能和使用技巧，以帮助学生卓有成效地完成教学计划，为学生步入社会从事实际工作做好铺垫。

本书结构清晰，语言流畅，实例丰富，图文并茂，并配有光盘。第 1 章至第 2 章由敖万成编写，第 3 章至第 4 章由何明亮编写，第 5 章由罗光先编写，第 6 章至第 7 章由石文旭编写。在编写过程中，林晓刚、张海波、汪超、李中宽等同志在材料整理方面给予了作者很大的帮助和支持，在此，谨表示深深的感谢！

本书是中等职业学校计算机图形图像处理专业及初中级平面设计人员上机练习的参考书，也是平面设计爱好者进行自学的指导书，还可作为各种电脑学校相关专业的学习教材。

由于时间仓促，加之编者水平有限，缺点和错误在所难免，恳请专家和广大读者批评指正。

作为教材，为了方便教师教学使用，本书还配有电子教学参考资料包（包括素材文件、教学指南、电子教案、习题解答），请有此需要的教师登录华信教育资源网（www.hxedu.com.cn）免费注册后再进行下载，有问题时请在网站留言板留言或与电子工业出版社联系（E-mail:hxedu@phei.com.cn）。

编　者
2009 年 8 月

目 录

第 1 章 Photoshop 8.0 概述 ... 1
1.1 Photoshop 8.0 的几种启动方式 ... 1
1.2 Photoshop 8.0 的几种退出方式 ... 2

第 2 章 图像文件的基本操作 ... 3
2.1 图像文件的基本操作 ... 3
2.2 图像文件的调整 ... 6

第 3 章 工具的使用 ... 9
3.1 选区的加减运算及方向、大小和形状调整 ... 9
3.2 卡通绘制 ... 12
3.3 路径的操作及使用技巧 ... 18
3.4 古书效果 ... 20
3.5 邮票效果制作 ... 26
3.6 信封效果制作 ... 29
技术点评 ... 31
技术检测 ... 31

第 4 章 浮动控制面板 ... 34
4.1 图像蒙版技术的运用——海市蜃楼 ... 34
4.2 动作的运用——艺术像框的制作 ... 35
4.3 通道运用——积雪效果 ... 38
4.4 图层样式运用——玉石手镯效果 ... 40
技术点评 ... 42
技术检测 ... 42

第 5 章 平面与美学艺术 ... 43
5.1 虚面在平面中的运用——标签设计 ... 43
技术点评 ... 47
5.2 面的虚实对比运用——艺术海报设计 ... 48
5.3 费波纳齐数分割的运用——手机杂志广告设计 ... 53

5.4 画面平衡的运用——啤酒广告 ... 57
技术点评 ... 61
技术检测 ... 62

第6章 数码图像的处理 ... 63

6.1 抠图练习 ... 63
6.2 图像换背景练习 ... 68
6.3 破损图像的修复练习 ... 69
6.4 图像液化处理的运用 ... 73
6.5 旧照翻新需注意的几个常见问题 ... 75
技术点评 ... 75
技术检测 ... 76

第7章 案例实战 ... 78

7.1 文字特效篇 ... 78
    7.1.1 火焰效果文字 ... 78
    7.1.2 星光闪耀文字 ... 81
    7.1.3 砖墙美术字效果 ... 85
    7.1.4 放射文字效果 ... 89
技术点评 ... 92
技术检测 ... 92
7.2 材质纹理篇 ... 92
    7.2.1 木质纹理 ... 92
    7.2.2 粗亚麻布纹理 ... 96
    7.2.3 大理石拼贴材质 ... 97
7.3 绘画艺术篇 ... 99
    7.3.1 蝴蝶的画法 ... 99
    7.3.2 半透明冰块的画法 ... 104
    7.3.3 橙子绘制 ... 108
7.4 特效制作 ... 112
    7.4.1 极光效果制作 ... 112
    7.4.2 烟雾飘散的香烟 ... 115
    7.4.3 神奇的条码效果制作 ... 120
7.5 商业广告篇 ... 123
    7.5.1 动态霓虹灯广告 ... 123
    7.5.2 图像的淡入淡出效果 ... 131

7.6 商业广告篇 ·· 135
    7.6.1 水果招贴广告设计 ·· 135
    7.6.2 楼盘广告设计 ·· 139
    7.6.3 笔记本电脑海报 ·· 146

第1章 Photoshop 8.0 概述

【上机目的】

本章将练习 Photoshop 8.0 的启动与退出方式。通过该章的练习，让读者能对该应用软件的启动与退出操作有一个基本的了解。

【上机内容】

四种启动 Photoshop 8.0 的方式，三种退出 Photoshop 8.0 的方式。

1.1 Photoshop 8.0 的几种启动方式

当用户成功进入操作系统后，有四种方式来启动 Photoshop 8.0。

1. 用"开始"按钮启动 Photoshop 8.0

具体步骤如下：

（1）进入操作系统桌面，单击 开始 按钮。

（2）在下级菜单中选择命令 所有程序(P) ▶。

（3）接着选择命令图标 Adobe Photoshop CS ，即可进入 Photoshop 8.0。

2. 在资源管理器中启动 Photoshop 8.0

具体步骤如下：

（1）进入操作系统桌面。

（2）用鼠标右键单击 开始 按钮。

（3）在弹出的菜单中用鼠标左键单击命令 资源管理器(X) ，弹出如图1-1所示的窗口。

图1-1 "Program Files"窗口

（4）在打开的资源管理器窗口的左栏中单击 我的电脑 栏下的 ⊞ 本地磁盘(C:) 驱动器图标。

（5）双击资源管理器中的 Program Files 文件夹。

（6）双击 Adobe 文件夹，然后再双击 Adobe 文件夹中的 Photoshop CS 文件夹。

（7）双击 [Photoshop Adobe Photoshop CS Adobe Systems, Incorporated] 图标即可。

3．用桌面快捷方式来启动 Photoshop 8.0

用户直接双击桌面上的"Photoshop CS"快捷方式即可启动 Photoshop 8.0。

4．用运行命令来启动 Photoshop 8.0

（1）单击 [开始] 按钮，在菜单中选择 [所有程序(P)]，在弹出的选项中选择命令 [运行(R)]。

（2）在弹出的如图 1-2 所示的"运行"对话框中单击 [浏览(B)...] 按钮。在打开的"浏览"对话框中找到 Photoshop 8.0 安装路径，并选择 Photoshop 8.0 的启动图标。

图 1-2　"运行"对话框

（3）选择完毕后单击 [确定] 按钮即可。

1.2　Photoshop 8.0 的几种退出方式

用户在使用 Photoshop 8.0 时，有三种方式可退出 Photoshop 8.0 的应用程序，具体操作方式如下。

（1）通过文件菜单。单击 Photoshop 8.0 文件(F) 菜单下的 退出(X) 命令，快捷键为 Ctrl+Q。

（2）通过窗口命令。双击 Photoshop 8.0 窗口左上角的图标 即可。若单击图标 ，可在弹出的控制菜单中选择 关闭(C) 命令，快捷键为 Alt+F4。

（3）直接退出。直接单击 Photoshop 8.0 窗口右上角的 ✕ 按钮，这是许多读者常用的一种方式。

以上三种方式在退出 Photoshop 8.0 时，若用户的文件没有保存，程序会弹出如图 1-3 所示的对话框，提示用户是否要保存文件。若用户的文件刚保存过，则程序会直接关闭。

图 1-3　保存文件提示对话框

第 2 章 图像文件的基本操作

【上机目的】

熟悉对图像文件的常规操作。

【上机内容】

本章练习的内容包括图像文件的新建、打开和编辑，图像分辨率的设置，图像文件的尺寸调整，图像文件模式的转换。

2.1 图像文件的基本操作

1. 图像文件的新建

（1）选择 文件(F) 菜单下的 新建(N)... 命令或按 Ctrl+N 快捷键打开如图 2-1 所示的"新建"对话框。

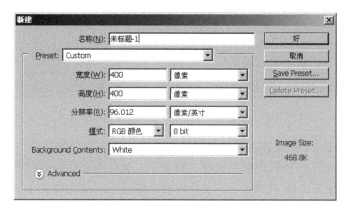

图 2-1 "新建"图像文件对话框

在如图 2-1 所示的对话框中，根据所建文件的目的、用途和实际需要来确定所建文件的尺寸、模式和分辨率。就图像的分辨率而言，如果图像仅用于屏幕显示，其分辨率设置为显示器的分辨率及尺寸即可；如果图像用于从输出设备输出，其分辨率应设为输出设备半调网屏的 1.5~2 倍。

（2）设置好各项参数后，单击"新建"对话框中的 好 按钮即可。

当然也可按住键盘上的 Ctrl 键后，用鼠标双击 Photoshop 8.0 窗口中的空白区域，同样可以弹出"新建"文件对话框。

2．图像文件的打开

（1）选择 文件(F) 菜单下的 打开(O)... 命令或按 Ctrl+O 快捷键打开如图 2-2 所示的对话框。

图 2-2 "打开"文件对话框

（2）在 查找范围(I): 下拉列表框中，找到所要打开的文件的存储路径。

（3）在 文件类型(T): 下拉列表框中选择文件类型，这时在文件列表中将只显示所选择的文件类型的文件名。如果选择 所有格式 ，文件列表中将显示所选文件夹中的所有文件名。

（4）在文件列表中，单击所需的文件名，在对话框下方可以预览指定文件的图像。如果一次要打开多个文件，可以在按住 Ctrl 键的同时单击选中多个文件，或在按下 Shift 键的同时，分别单击连续排列的多个文件的第一个和最后一个文件即可。

（5）单击 打开(O) 按钮，即可打开所选的一个或多个图像文件；选择 取消 按钮，即可取消打开文件的操作。当然双击文件列表中所需的文件，可以直接打开该文件。

要打开已有图像文件，也可直接在 Photoshop 8.0 窗口的空白区域双击鼠标左键，这时会弹出如图 2-2 所示的"打开"文件对话框，这是打开文件的快捷方式。

3．图像文件的保存

保存一个图像文件的方式有两种。

（1）文件(F) / 存储(S) 命令。该保存方式可以在文件名和文件格式不改变的情况下快速存储当前正在编辑的图像文件。如果图像文件在打开后没有进行修改，则此命令处于灰色不可用状态；如果图像还未保存过，系统将弹出如图 2-3 所示的"存储为"对话框。

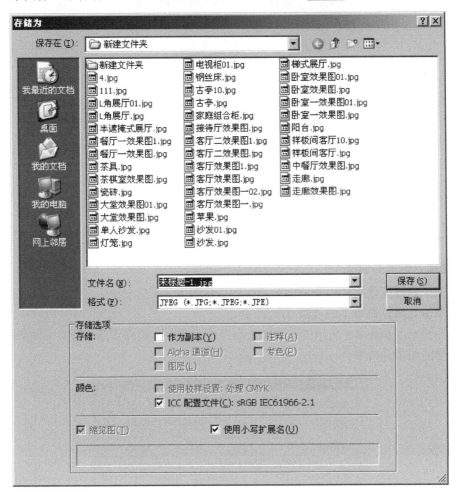

图 2-3 "存储为"对话框

（2）文件(F) / 存储为(A)...命令。这种保存方式可以将正在编辑的图像文件以另一个文件名或另一种文件格式存储，而原来的图像文件不变。选取该命令，系统将弹出如图 2-3 所示的对话框。在该对话框中，用户可以在 保存在(I): 下拉列表框中选择所要保存的路径，在 文件名(N): 文本框中输入要保存的文件名，在 格式(F): 下拉列表框中选择要保存的文件格式，Photoshop 8.0 默认的文件保存格式为*.PSD 和*.PDD 格式。在 存储选项 一栏中还可以设置更多的选项，例如可以决定是否将文件存储为副本形式（副本的特殊之处在于不会改变当前编辑的图像文件，仅仅相当于在制作过程中存储的若干个快照），如是否保存图层信息，是否保存图像的注释，是否保存缩览图等。

在存储图像文件时，若图像含有图层、通道、路径等 Photoshop 所特有的成分，则最好用*.PSD 格式保存，否则会在"存储为"对话框的下面显示如图 2-4 所示的警告信息。

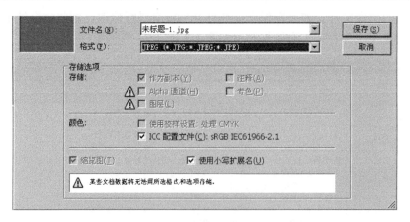

图 2-4 保存图像文件的警告信息提示

2.2 图像文件的调整

1．图像分辨率的调整

调整一个新建图像文件的分辨率的具体操作步骤如下：

（1）单击 图像(I) 菜单下的 图像大小(I)... 命令。

（2）在弹出的如图 2-5 所示的"图像大小"对话框中，根据实际需要在 分辨率(R): 一栏中输入需要的图像分辨率。

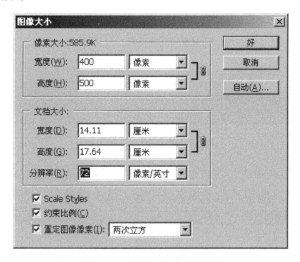

图 2-5 "图像大小"对话框

2．图像文件尺寸的调整

调整图像文件尺寸的具体操作步骤如下：

（1）通过图像大小命令调整图像尺寸。

① 打开或新建一幅图像文件。

② 单击 图像(I) 菜单下的 图像大小(I)... 命令。

③ 在弹出的如图 2-5 所示的"图像大小"对话框中，根据实际需要在 像素大小: 或

第 2 章　图像文件的基本操作

文档大小: 参数栏中，输入需要调整的图像的尺寸。**注意**：如勾选了对话框中的 选项，则图像新的尺寸比例将按原有比例增大或缩小。

在图像文件的标题栏上单击鼠标右键，也可弹出"图像大小"命令。

（2）通过裁切工具调整图像尺寸。

① 打开或新建一幅图像文件。

② 单击工具箱中的 ┗┛ 工具，在图像文件中框选出所需要调整的图像区域。

③ 按键盘上的 Enter 键或用鼠标双击该框选区域，便得到调整后的图像。

3．图像文件模式的转换

单击 图像(I) 菜单下的 模式(M) 命令，将展开如图 2-6 所示的模式菜单。在该菜单中，被勾选的即为图像当前的色彩模式。图像色彩模式的转换关系如下：

（1）RGB 颜色模式的图像可以直接转换为灰度、索引颜色、CMYK 颜色、Lab 颜色，以及多通道模式。

（2）CMYK 颜色模式的图像可以直接转换为灰度、RGB 颜色、Lab 颜色，以及多通道模式。

（3）灰度颜色模式的图像可以直接转换为任意一种颜色模式。如果是将 RGB，Lab，CMYK 颜色模式的图像转换为灰度颜色模式，将弹出如图 2-7 所示的提示。

图 2-6　模式菜单

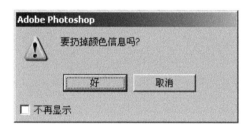
图 2-7　扔掉颜色信息提示

（4）索引颜色模式图像可直接转换为灰度、RGB 颜色、CMYK 颜色、Lab 颜色模式。若将 RGB，Lab，CMYK 颜色模式的图像直接转换为索引颜色模式的图像，将弹出如图 2-8 所示的对话框。

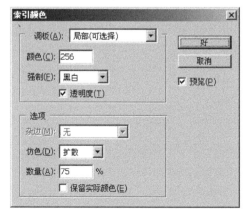
图 2-8　转换到索引颜色模式对话框

（5）位图颜色模式只能直接转换为灰度颜色模式。也就是说，其他颜色模式的图像要转换到位图颜色模式，必须先转换为灰度颜色模式后，才能转换为位图颜色模式。

（6）双色调颜色模式的图像与灰度颜色模式的图像一样，可以直接与任意一种颜色模式进行转换。

（7）Lab 颜色模式的图像可以直接转换为灰度、RGB、CMYK 颜色模式及多通道模式。

（8）多通道模式的图像可以直接转换为 RGB、Lab、位图及灰度颜色模式。

上面 8 种图像颜色模式的转换，希望读者能够掌握。

第3章 工具的使用

【上机目的】
熟悉常用工具的使用性能,掌握常用工具的使用技巧。
【上机内容】
本章练习的内容包括选区的运算操作、路径的操作及使用技巧、案例练习。

3.1 选区的加减运算及方向、大小和形状调整

1. 选区的加运算

(1) 选择工具箱中的 ⊙ 工具,在画布上创建如图 3-1 所示的选区。

(2) 选择工具箱中的 ▽ 工具,在工具属性栏上单击"添加到选区"按钮 ▣,然后在画布上绘制如图 3-2 所示的选区。**注意**:当要创建直线的时候,可按住 Shift 键进行绘制。

图 3-1　用椭圆形选框工具创建的选区　　图 3-2　用添加选区按钮添加绘制的选区形状

(3) 按 D 键,设置工具箱中的前景色为黑色。按 Alt+Delete 快捷键给选区填充前景色,得到如图 3-3 所示的效果,按 Ctrl+D 快捷键取消选区。

2. 选区的减运算

(1) 在工具箱中选择 ▽ 工具,然后在画布上创建如图 3-4 所示的星形选区。

(2) 单击工具属性栏上的"从选区中减去"按钮 ▣,在星形选区的内部绘制如图 3-5 所示的形状。

(3) 用同样的方法绘制其他要减去的形状,如图 3-6 所示。按 D 键,设置工具箱中的前景色为黑色。按 Alt+Delete 快捷键给选区填充前景色,得到如图 3-7 所示的效果,按 Ctrl+D 快捷键取消选区。

图 3-3　给选区填充前景色后的效果

图 3-4　用折线套索工具创建的选区形状

图 3-5　用折线套索工具在选区内部绘制的形状

图 3-6　绘制的需减掉的选区的形状

3．选区的方向、大小和形状调整

（1）选择工具箱中的 ![工具图标] 工具，在画布上创建如图 3-8 所示的选区形状。

图 3-7　给选区填充前景色后的效果

图 3-8　用折线套索工具创建的选区形状

（2）执行 选择(S) 菜单下的 变换选区(T) 命令，此时选区的周围就会出现一个控制方框，其状态如图 3-9 所示。在画布上单击鼠标右键，弹出如图 3-10 所示的快捷菜单。

图 3-9　执行变换选区命令后的效果

图 3-10　单击鼠标右键后弹出的快捷菜单

（3）选择其中的"翻转"及"旋转"命令，即可实现对选区方向的调整，如图 3-11、图 3-12 所示。

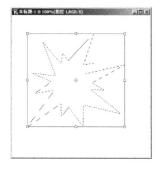 

图 3-11　选区的水平翻转　　　　　　　　图 3-12　选区的旋转

（4）选择其中的斜切、透视、扭曲命令，即可实现对选区形状的调整，如图 3-13 至图 3-15 所示。

图 3-13　选区的斜切调整　　　图 3-14　选区的透视调整　　　图 3-15　选区的扭曲调整

（5）选择其中的缩放命令，即可实现对选区大小的调整。如果要等比缩放选区，可将鼠标光标放置在选区变换控制框的任一角点处，然后按住 Shift+Alt 键进行缩放，如图 3-16 所示。

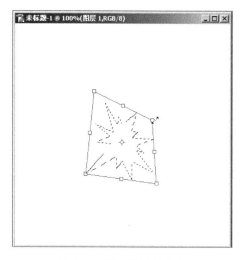

图 3-16　调整选区的大小

3.2 卡通绘制

下面将制作一幅"卡通老虎"来练习选区的加、减运算及对选区大小的调整。

（1）按 Ctrl+N 快捷键新建一个尺寸大小为 340 像素×250 像素，分辨率为 96 像素/英寸的 RGB 颜色模式的图像文件。

（2）单击图层控制面板上的 按钮，在背景层上新建一个图层并将其命名为"虎头"。选择工具箱中的 工具，在画布上创建如图 3-17 所示的椭圆形选区。单击工具属性栏上的"添加到选区"按钮 ，在画布上添加一个如图 3-18 所示的椭圆形选区。

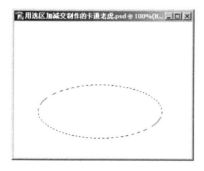 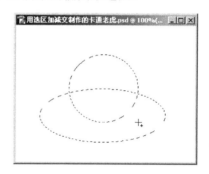

图 3-17　创建的椭圆形选区　　　　　图 3-18　添加的椭圆形选区的位置

（3）设置前景色为#FFB142，按 Alt+Delete 快捷键给选区填充前景色。按 Ctrl+D 快捷键取消选区，得到如图 3-19 所示的效果。

图 3-19　给选区填充前景色后的效果

（4）单击图层控制面板上的 按钮，在"虎头"图层之下新建一个图层并将其命名为"虎耳"。选择工具箱中的 工具，在画布上创建如图 3-20 所示的椭圆形选区。设置前景色为#7F630E，按 Alt+Delete 快捷键给选区填充前景色，得到如图 3-21 所示的效果。

（5）执行 选择(S) 菜单下的 变换选区(T) 命令，将鼠标光标放在选区变换控制框的右上角。按住 Shift+Alt 键缩放选区形状至如图 3-22 所示状态，按 Enter 键确定。设置前景色为#3D2E01，按 Alt+Delete 快捷键给选区填充前景色，得到如图 3-23 所示的效果，按 Ctrl+D 快捷键取消选区。

（6）按 Ctrl+J 快捷键将"虎耳"图层再复制一个图层副本，并移动该图层至如图 3-24 所示的位置。

图 3-20　用椭圆形选框工具创建的选区　　　图 3-21　给选区填充前景色后的效果

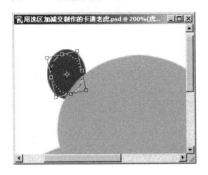
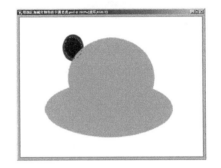

图 3-22　变换选区后的状态　　　　　　　　图 3-23　给选区填充前景色后的效果

图 3-24　"虎耳"副本图层的位置

（7）单击图层控制面板上的 按钮，在"虎头"图层之上新建一个图层，将其命名为"虎嘴"。选择工具箱中的 工具，在画布上创建如图 3-25 所示的椭圆形选区。设置前景色为 #664009，按 Alt+Delete 快捷键给选区填充前景色，得到如图 3-26 所示的效果。

图 3-25　用椭圆形选框工具创建的选区　　　图 3-26　给选区填充前景色后的效果

（8）单击图层控制面板上的 按钮，在"虎嘴"图层之上新建一个图层，将其命名为"虎舌"。选择工具箱中的 工具，在画布上创建如图 3-27 所示的椭圆形选区。按住 Ctrl+Shift+Alt 键后，单击图层控制面板中的"虎嘴"图层，得到如图 3-28 所示的虎舌选区形状。

图 3-27　用椭圆形选框工具创建的选区　　　　图 3-28　选区与选区相交后的形态

（9）设置前景色为#742300，按 Alt+Delete 快捷键给选区填充前景色，得到如图 3-29 所示的效果。

图 3-29　给选区填充前景色后的效果

（10）单击图层控制面板上的 按钮，在"虎嘴"图层之上新建一个图层，将其命名为"虎牙"。选择工具箱中的 工具，在画布上创建如图 3-30 所示的椭圆形选区。设置前景色为白色，给选区填充前景色，得到如图 3-31 所示的效果。

图 3-30　用椭圆形选框工具创建的"虎牙"选区　　图 3-31　给选区填充前景色后的效果

（11）按住 Ctrl 键的同时单击图层控制面板上的"虎嘴"图层，载入"虎嘴"图层的选区，按 Ctrl+Shift+I 快捷键对选区进行反向选择，按 Delete 键删除选区内的图像，按 Ctrl+D

快捷键取消选区，得到如图 3-32 所示的效果。按 Ctrl+J 快捷键将"虎牙"图层复制一个图层副本，并移动该图层至如图 3-33 所示的位置。

图 3-32　删除选区内图像后的"虎牙"状态　　　图 3-33　复制得到的另一颗"虎牙"

（12）单击图层控制面板上的 按钮，在"虎嘴"图层之上新建一个图层，将其命名为"虎眼"。选择工具箱中的 工具，在画布上创建如图 3-34 所示的椭圆形选区。给选区填充黑色，得到如图 3-35 所示的效果，按 Ctrl+D 快捷键取消选区。

图 3-34　用椭圆形选框工具创建的"虎眼"轮廓　　　图 3-35　给选区填充黑色

（13）选择工具箱中的 工具，在画布上创建如图 3-36 所示的椭圆形选区作为"虎的眼球"。给选区填充白色，得到如图 3-37 所示的效果，按 Ctrl+D 快捷键取消选区。

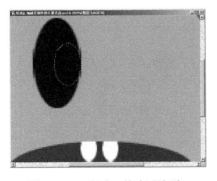 

图 3-36　"眼球"的选区造型　　　图 3-37　给选区填充白色后的效果

（14）用同样的方法绘制出"老虎"的"睛"，其效果如图 3-38 所示。按 Ctrl+J 快捷键将制作好的"虎眼"复制一个副本，按 Ctrl+T 快捷键对复制的"虎眼"副本图层进行"水平翻转"变换，并移动变换后的"虎眼"副本图层至如图 3-39 所示的位置。

图 3-38 绘制"睛"后的"虎眼"

图 3-39 移动变换后的"虎眼"位置

（15）单击图层控制面板上的 ▫ 按钮，在"虎嘴"图层之上新建一个图层，并将其命名为"虎须"。选择工具箱中的 ▫ 工具，在画布上创建如图 3-40 所示的矩形选区。按 D 键将前景色设置为黑色，将背景色设置为白色，单击工具箱中的 ▫ 工具，给选区填充线性渐变，按 Ctrl+D 快捷键取消选区，得到如图 3-41 所示的效果。

图 3-40 用矩形选框工具创建的"虎须"

图 3-41 给选区填充线性渐变后的效果

（16）按 Ctrl+J 快捷键复制出几个"虎须"层，并调整"虎须"至如图 3-42 所示的位置。将调整后的"虎须"层合并，并复制一个副本图层。按 Ctrl+T 快捷键水平翻转复制后的"虎须"副本图层，并移动至如图 3-43 所示的位置。

图 3-42 调整后的"虎须"位置

图 3-43 水平翻转后的"虎须"副本效果

（17）单击图层控制面板上的 ▫ 按钮，在"虎嘴"图层之上新建一个图层，将其命名为"虎鼻"。选择工具箱中的 ▫ 工具，在画布上创建如图 3-44 所示的椭圆形选区作为虎的"虎鼻"。确认工具属性栏上的添加到选区按钮 处于被选中状态。在椭圆形选区上再添加一个椭圆形选区，其形状如图 3-45 所示。

图 3-44　绘制的椭圆形选区　　　　　　　图 3-45　添加椭圆形选区后的形状

（18）设置前景色为白色，设置背景色为黑色，单击工具箱中的 工具，在工具属性栏上选择径向渐变按钮 ，给选区填充径向渐变，其效果如图 3-46 所示，按 Ctrl+D 快捷键取消选区。

（19）选择工具箱中的 工具，在画布上创建如图 3-47 所示的矩形选区。单击工具箱中的 工具，给选区填充径向渐变，按 Ctrl+D 快捷键取消选区，得到如图 3-48 所示的效果。

图 3-46　给选区填充径向渐变后的效果

图 3-47　用矩形选框工具创建的选区　　　　图 3-48　给选区填充径向渐变后的效果

这样就完成了卡通老虎的制作。

3.3 路径的操作及使用技巧

1. 路径的直线操作

（1）新建一个尺寸大小为 400 像素×400 像素的图像文件。

（2）选择工具箱中的 工具，并在工具属性栏中设置其参数，如图 3-49 所示。

图 3-49　路径工具属性栏

（3）在新建文件的画布上单击一点作为路径的起始点，这一点在下一定位点没出现以前呈黑色实心状态，如图 3-50 所示。移动鼠标并单击鼠标左键定出下一个定位点，图像文件画布中会出现一条线。此时，起始点会呈空心状态，表示处于非编辑状态，如图 3-51 所示。这种点点单击的方式适于绘制折线。

图 3-50　创建路径的起始点　　　　图 3-51　创建路径的下一定位点

（4）同样用点点单击的方式在画布上创建如图 3-52 所示的路径形状。

图 3-52　用点点单击的方式绘制的路径形状

2. 路径的曲线操作

（1）新建一个尺寸大小为 400 像素×400 像素的图像文件。

（2）选择工具箱中的 工具，在新建文件的画布上单击一点作为路径的起始点，移动

第 3 章 工具的使用

鼠标至第二个定位点，单击并拖动鼠标，创建如图 3-53 所示的路径形状。此时，第二个定位点的两边各有一个调节控制杆，该控制杆用于调整路径的形状。

（3）同样用单击并拖动鼠标的方法在画布上创建如图 3-54 所示的路径形状。

 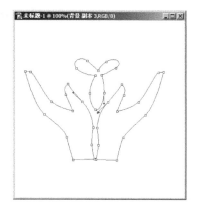

图 3-53　单击并拖动鼠标所形成的路径形状　　　图 3-54　用单击并拖动鼠标的方法绘制的路径形状

运用上面的方法，绘制如图 3-55 所示的路径形状。

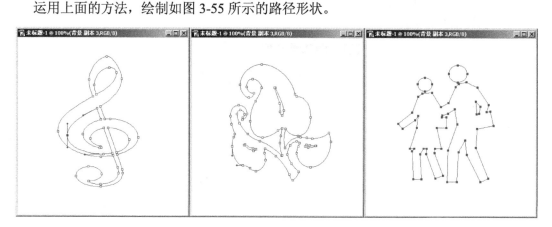

图 3-55　用钢笔工具绘制的路径形状

3．路径的使用技巧

（1）在使用钢笔工具绘制路径时，若按下 Alt 键即可切换到转换定位点工具，按住 Alt 键后的光标状态如图 3-56 所示。

图 3-56　按住 Alt 键后的光标状态

（2）使用路径选择工具时，如果按住 Alt 键，则路径上的定位点均以实心表示，如图 3-57 所示。此时继续按住 Alt 键，鼠标将呈现如图 3-58 所示的状态。继续拖动鼠标时，将复制所选择的路径，如图 3-59 所示。

图 3-57 按住 Alt 键使用选择工具　　图 3-58 继续按住 Alt 键的状态　　图 3-59 拖动鼠标复制路径

（3）按住 Alt 键并单击路径面板上的"将路径作为选区载入"按钮 ，可弹出如图 3-60 所示的"建立选区"对话框。

图 3-60 "建立选区"对话框

（4）如果对用自由钢笔工具创建出来的路径不满意，可按住 Ctrl 键将自由路径切换为直接选择工具来改变路径的形状。

3.4 古书效果

（1）启动 Photoshop 8.0，按住 Ctrl 键在窗口空白区域双击鼠标左键，在弹出的"新建"对话框中设置其参数如图 3-61 所示，单击 好 按钮，得到定制的画布。

（2）设置前景色为#0A2850，按 Alt+Delete 快捷键给背景层填充前景色，按 Ctrl+A 快捷键全选整个画布，执行 选择(S) 菜单下的 变换选区(T) 命令，调整选区如图 3-62 所示，按 Enter 键确定选区变换。

（3）在工具箱中设置前景色为#F6EFC9，背景色为#600C49，选择工具箱中的 工具，确认选项栏中的线性渐变按钮 处于选择状态。在选区内从左下角向右上角拖动鼠标，得到如图 3-63 所示的渐变效果。

第 3 章 工具的使用

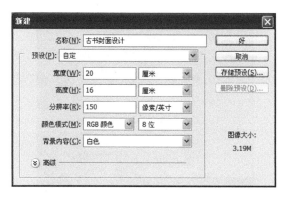

图 3-61 "古书封面设计"文件的参数设置

图 3-62 变换选区状态

图 3-63 给选区填充线性渐变后的效果

（4）单击图层控制面板上的 按钮新建一层并命名为"书封面"，选择工具箱中的矩形选框工具 ，在画布上创建出如图 3-64 所示的选区。设置前景色为#295796，按 Alt+Delete 快捷键给选区填充前景色，效果如图 3-65 所示。

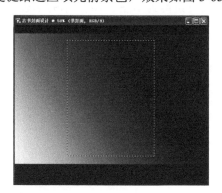

图 3-64 创建的矩形选区

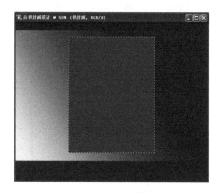

图 3-65 给选区填充前景色

（5）单击图层控制面板上的 按钮新建一层，并命名为"装订线"，设置前景色为# 9E9E9E，选择工具箱中的直线工具 ，确认 填充像素按钮处于选择状态，设置线粗细为 3 像素，按住 Shift 键在画布上绘制出如图 3-66 所示的线作为书的装订线。

（6）单击图层控制面板上的 按钮新建一层，并命名为"文字装饰边框线"，选择工具箱中的矩形选框工具 ，在画布上创建如图 3-67 所示的选区。按住 Shift 键在选区中添加如图 3-68 所示的选区，松开鼠标即可得到所添加的选区。

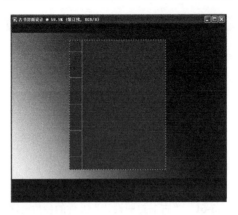

图 3-66 装订线效果

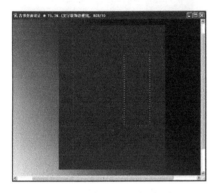

图 3-67 用矩形选框工具创建的矩形选区

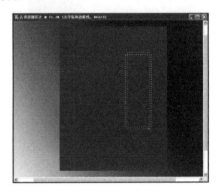

图 3-68 在矩形选框上添加选区

（7）设置前景色为# FBFBFB，执行 编辑(E) 菜单下的 描边(S)... 命令，在弹出的"描边"对话框中设置其参数如图 3-69 所示，单击 好 按钮得到如图 3-70 所示的描边效果。

图 3-69 描边参数设置

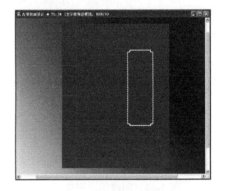

图 3-70 描边后的效果

（8）执行 选择(S) 菜单 修改(M) 选项下的 扩展(E)... 命令，在弹出的"扩展选区"对话框中设置扩展量为 10 像素，单击 好 按钮得到扩展后的选区状态如图 3-71 所示。执行 编辑(E) 菜单下的 描边(S)... 命令，在弹出的"描边"对话框中设置描边宽度为 5 像素，单击 好 按钮得到如图 3-72 所示的效果。按 Ctrl+D 快捷键取消选区。

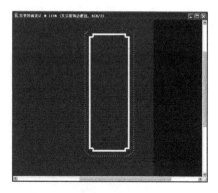 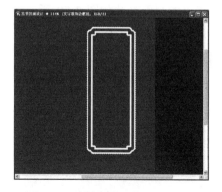

图 3-71　选区扩展后的效果　　　　　　图 3-72　给扩展选区描边后的效果

（9）选择工具箱中的竖排文字工具 T，在画布上单击并输入如图 3-73 所示的文字，字体为 方正隶变繁体，大小为 50 点。再次输入文字，字的大小为 17 点，调整其位置如图 3-74 所示。

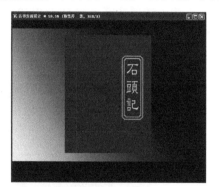 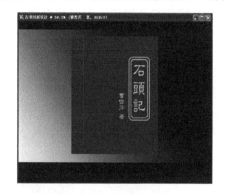

图 3-73　输入著作名称　　　　　　　　图 3-74　输入作者名字

（10）在图层控制面板中选择"书封面"，并给除背景层外的所有层添加上链接符，如图 3-75 所示，按 Ctrl+E 快捷键向下合并链接层。接下来对封面进行纹理化。执行 滤镜(T) 菜单 纹理 滤镜组中的 纹理化... 滤镜，在弹出的"纹理化"滤镜对话框中，设置其参数如图 3-76 所示。

 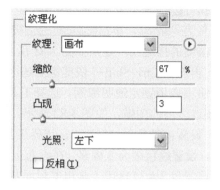

图 3-75　给图层添加链接符　　　　　　图 3-76　设置纹理化滤镜参数

（11）单击 好 按钮得到纹理化后的效果，如图 3-77 所示。按 Ctrl+T 快捷键对合并后的"书封面"进行自由变换，单击鼠标右键，在弹出的自由变换命令菜单中选择 扭曲 命令,变换书的封面形状如图 3-78 所示(注意,透视效果一定要符合近大远小的透视规律),按 Enter 键确定自由变换效果。

图 3-77　添加纹理滤镜后的封面效果

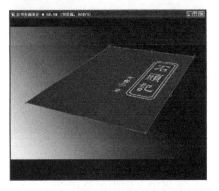

图 3-78　对封面进行自由变换后的状态

(12)按住 Ctrl 键单击图层控制面板中的"书封面"载入该层选区。按 Ctrl+Shift+I 快捷键对选区进行反向选取,其状态如图 3-79 所示。选择工具箱中的 工具,按住 Alt 键创建如图 3-80 所示的选区。

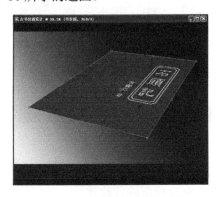

图 3-79　对选区进行反向选择

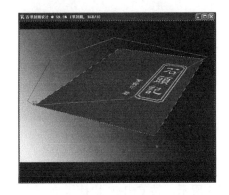

图 3-80　按住 Alt 键创建的选区

(13)设置前景色为# BED9F7,单击图层控制面板中的锁定透明像素按钮 锁定图像透明区域。执行 编辑(E) 菜单下的 描边(S)... 命令,在弹出的"描边"对话框中设置描边宽度为 1 像素,位置为 居外(U),单击 好 按钮,此时"书封面"上被选区选择的不透明区域会有一条很细的描边线,效果如图 3-81 所示。

(14)再次按 Ctrl+Shift+I 快捷键对选区进行反向选取,并单击图层控制面板中的锁定透明像素按钮 取消锁定透明像素。选择工具箱中的移动工具 ,按住 Alt 键后再按住方向键"↑"复制选区内的图像,如图 3-82 所示。

(15)设置前景色为#525E6C,选择工具箱中的直线工具 ,确认 填充像素按钮处于选择状态,设置线粗细为 5 像素,在画布上绘制出如图 3-83 所示的线作为书封面受光部的厚度。设置前景色为# 32383E,画出书封面背光部的厚度,如图 3-84 所示。

(16)单击图层控制面板上的 添加图层样式按钮,在弹出的图层样式菜单中选择 投影... 样式,并设置其参数如图 3-85 所示。单击 好 按钮得到如图 3-86 所示的效果。

第 3 章 工具的使用

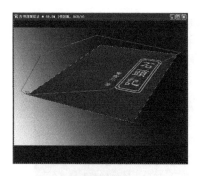
图 3-81 对锁定透明像素的选区进行描边

图 3-82 复制选区内的图像后的效果

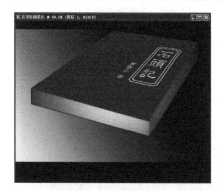
图 3-83 画出书封面受光部的厚度

图 3-84 画出书封面背光部的厚度

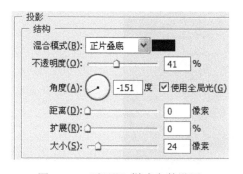
图 3-85 "投影"样式参数设置

图 3-86 添加投影样式后的效果

（17）打开随书光盘提供的如图 3-87 所示的图像，将该图像拖动到"古书封面设计"图像中，自由变换该图像的形状如图 3-88 所示。

（18）在图层控制面板中设置该层的叠加模式为 柔光 模式，其叠加后的效果如图 3-89 所示。单击图层控制面板上的添加图层按钮 为该层添加图层蒙版，设置前景色为# 000000，选择工具箱中的画笔工具 ，在图像的边缘涂抹，得到如图 3-90 所示的效果。

（19）按 Ctrl+E 快捷键将蒙版层向下合并，确认工具箱中的移动工具 处于选择状态，按住 Alt 键复制出一副本层，并调整副本层图像的位置如图 3-91 所示，至此，古书效果制作完毕。

图 3-87　光盘提供的图像　　　　　　图 3-88　调整图像大小

图 3-89　设置图层叠加模式为柔光模式　　图 3-90　添加图层蒙版并处理后的效果

图 3-91　调整副本层图像的位置

3.5 邮票效果制作

（1）启动 Photoshop 8.0，打开随书光盘提供的"邮票制作图像原图"图像，如图 3-92 所示。选择工具箱中的矩形工具，确认选项栏中的路径按钮处于选择状态，在画布上创建出如图 3-93 所示的路径形状。

第 3 章 工具的使用　　27

（2）按 Ctrl+Enter 快捷键将路径转换为选区，再按 Ctrl+Shift+I 快捷键对选区进行反向选择。设置前景色为# FFFFFF，按 Alt+Delete 快捷键给选区填充前景色，效果如图 3-94 所示。

图 3-92　邮票制作图像原图　　图 3-93　创建的路径形状　　图 3-94　给选区填充前景色

（3）按 Ctrl+D 快捷键取消选区，选择工具箱中的矩形工具，确认选项栏中的路径按钮处于选择状态，在画布上创建如图 3-95 所示的路径，注意四边的边距要基本一致。单击背景色橡皮擦工具，在画布上单击鼠标右键，在弹出的"橡皮擦"参数对话框中设置其参数如图 3-96 所示。

图 3-95　创建的路径形状　　　　　　图 3-96　橡皮擦参数设置

（4）设置好橡皮擦参数后按两次 Enter 键对路径进行描边处理，得到如图 3-97 所示的效果，按 Ctrl+H 快捷键隐藏路径。选择工具箱中的横排文字工具，在画布上分别输入如图 3-98 所示的文字。

（5）按 Ctrl+Shift+E 快捷键合并所有图层。按 Ctrl+H 快捷键取消路径隐藏，再次按 Ctrl+Enter 快捷键将路径转换为选区，执行 编辑(E) 菜单下的 定义图案(D)... 命令，在弹出的"图案名称"对话框中将其命名为"邮票"，单击 好 按钮。

（6）按 Ctrl+N 快捷键新建一个图像文件，其新建图像参数如图 3-99 所示，单击 好 按钮得到新建的图像。按 Ctrl+Shift+Alt+N 快捷键新建图层，按 Shift+BackSpace 快捷键打开"填充"对话框，在"填充"对话框中选择刚刚定义的"邮票"图案，单击按钮得到如图 3-100 所示的效果。

图 3-97 对路径进行描边操作

图 3-98 在邮票上输入文字

图 3-99 新建图像参数设置

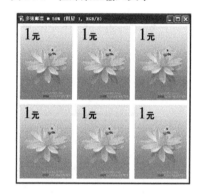

图 3-100 填充定义的邮票图案

（7）单击图层控制面板上的 添加图层样式按钮，在弹出的样式列表中选择 投影 样式，设置投影样式参数如图 3-101 所示。单击 好 按钮，得到完成后的邮票，如图 3-102 所示。

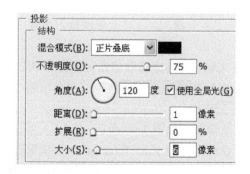

图 3-101 "投影"样式参数设置

图 3-102 添加投影样式后的邮票效果

3.6 信封效果制作

（1）启动 Photoshop 8.0，按住 Ctrl 键在窗口空白区域双击鼠标左键，在弹出的"新建"对话框中设置其参数，如图 3-103 所示，单击 好 按钮，得到新建的图像文件。

图 3-103 "新建"对话框中的参数设置

（2）按 Ctrl+Shift+Alt+N 快捷键新建图层，选择工具箱中的矩形选框工具 ，在画布上创建如图 3-104 所示的矩形选区。设置前景色为# F3CB8C，按 Alt+Delete 快捷键给选区填充前景色，其效果如图 3-105 所示。

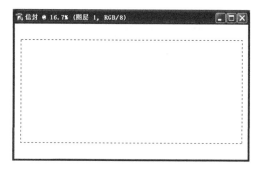

图 3-104 创建的矩形选区

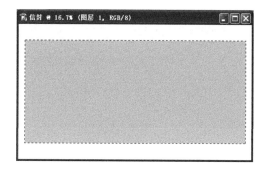

图 3-105 给选区填充前景色

（3）执行 选择(S) 菜单下的 变换选区(T) 命令，变换选区如图 3-106 所示，按 Enter 键确定选区变换。按 Ctrl+T 快捷键对选区内的图像进行自由变换，单击鼠标右键，在弹出的自由变换命令菜单中选择 透视 命令，变换选区内的图像形状，如图 3-107 所示，按 Enter 键确定自由变换。

（4）按 Ctrl+M 快捷键打开"曲线"调整对话框，设置曲线状态如图 3-108 所示。单击 好 按钮，取消选区得到如图 3-109 所示的效果。

（5）按 Ctrl+Shift+Alt+N 快捷键新建图层，选择工具箱中的矩形选框工具 ，按住 Shift 键在画布上创建如图 3-110 所示的选区。设置前景色为# F64634，执行 编辑(E) 菜单下的 描边(S)... 命令，在弹出的"描边"对话框中设置描边宽度为 5 像素，单击 好 按钮，按 Ctrl+D 快捷键取消选区得到如图 3-111 所示的效果。

（6）按住 Ctrl+Alt+Shift 快捷键向右拖动鼠标，复制出如图 3-112 所示的图像效果。按 Ctrl+E 快捷键将所复制的几个方框合并为一层，按住 Ctrl+Alt 快捷键拖动鼠标，复制合并后的选框如图 3-113 所示。

图 3-106 变换选区状态　　　　　图 3-107 透视变换选区内的图像

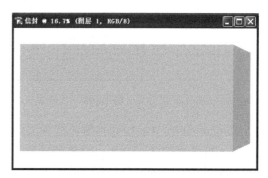

图 3-108 设置曲线状态　　　　　图 3-109 曲线调整后的效果

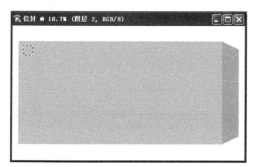
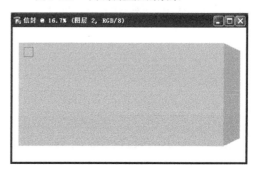

图 3-110 创建的矩形选区　　　　图 3-111 对选区进行描边后的效果

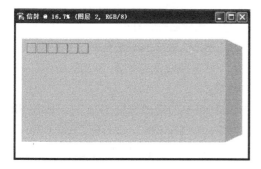
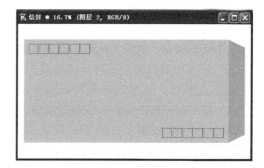

图 3-112 复制图像　　　　　　　图 3-113 复制合并后的图像

（7）选择工具箱中的直线工具，确认填充像素按钮处于选择状态，设置线粗细为 6 像素，按住 Shift 键在画布上绘制出如图 3-114 所示的线。至此，信封效果制作完成。

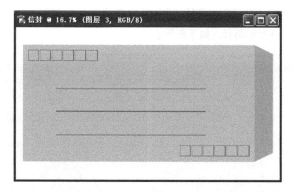

图 3-114 绘制信封上的线

 技术点评

从前面练习的实例中可以感受到,选区及路径是进行平面设计造型的主要工具,使用频率高。希望读者能通过实例练习,熟练掌握运用这些造型工具的技巧。

 技术检测

1. 选择矩形选框工具,并运用"添加到选区"命令创建一个"十"字形选区,如下图上半部分所示;选择椭圆形选框工具,并运用"从选区中减去"命令制作一个月亮形状的选区,如下图下半部分所示。

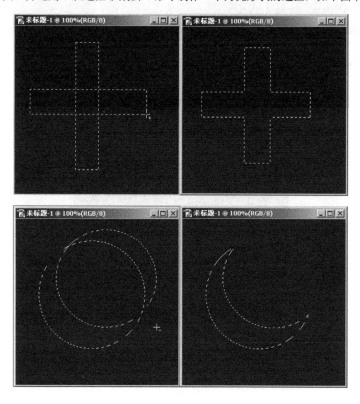

2. 绘制直线路径,复制一条所绘制的路径,用宽度 10 像素的画笔将路径描边,将画笔的间距设为 150% 后描边。在路径上添加锚点并变形路径,如下图所示。

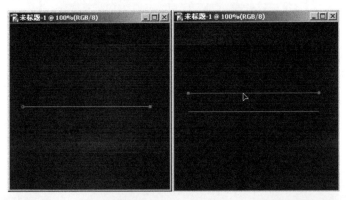

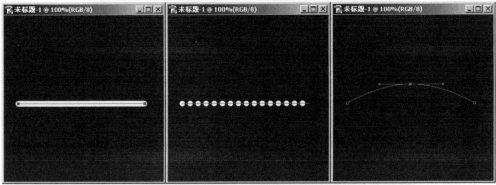

3. 用钢笔工具绘制一条"S"形的开放曲线路径,如下图所示。

4. 用钢笔工具绘制一个由 4 个锚点构成的 ♥ ,如下图所示。

第 3 章 工具的使用 33

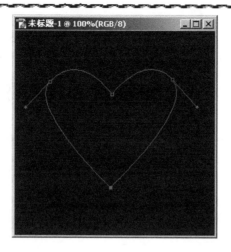

5．用椭圆形工具创建一个正圆，然后将其转换为路径；用直接选择工具及转换定点工具把路径形状调整为矩形，再将路径转换为选区，如下图所示。

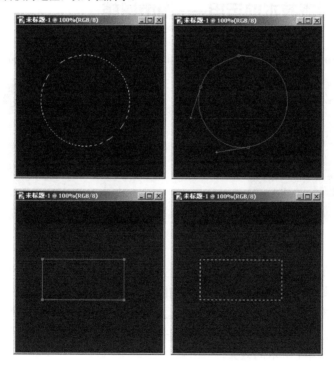

第 4 章 浮动控制面板

【上机目的】
了解浮动控制面板，掌握动作的录制及运用，提高对图层的综合运用能力。

【上机内容】
本章通过上机实战，学习图像蒙版及动作的使用。

4.1 图像蒙版技术的运用——海市蜃楼

（1）打开 Photoshop 8.0 教材配套光盘中如图 4-1 和图 4-2 所示的两幅图片。

图 4-1 建筑物图片

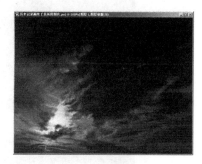
图 4-2 云彩图片

（2）将建筑物图片拖到云彩图片文件中，并调整建筑物图片的大小以适合云彩图片的画布大小，此时云彩图片的图层控制面板状态如图 4-3 所示。

（3）单击图层控制面板下方的  按钮，为第一个被建立的图层添加一个图层蒙版。选择工具箱中的 工具，并在工具属性栏上选择线性渐变按钮 ，然后在画布上由上至下拖动鼠标，得到如图 4-4 所示的效果。

图 4-3 云彩图片的图层控制面板状态

图 4-4 对添加蒙版的图像填充渐变后的效果

（4）在工具属性栏上分别选择不同的渐变方式 ![] , ![] , ![] 进行填充，可得到如图 4-5 所示的效果。

图 4-5　分别选择径向、角度、对称均匀渐变方式填充所形成的效果

4.2　动作的运用——艺术像框的制作

（1）下面为上例制作的"海市蜃楼"效果图制作一个艺术像框，并录制动作。按 Ctrl+E 快捷键将蒙版层与背景层合并为一层，合并后的图层控制面板状态如图 4-6 所示。

（2）单击浮动控制面板中的 `动作` 面板，其状态如图 4-7 所示。在动作面板下选择 `Default Actions.atn` 动作集，按住 Alt 键后单击 按钮，删除所选择的默认动作集，其控制面板状态如图 4-8 所示。

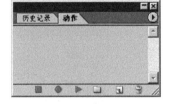

图 4-6　合并图层后的图层控制面板状态　　图 4-7　动作面板　　图 4-8　删除默认动作后的面板状态

（3）单击动作控制面板下方的 按钮，在弹出的"新动作"对话框中将所建动作命名为"艺术像框制作"，其状态如图 4-9 所示。

（4）单击记录按钮 ![] 开始记录动作，此时动作控制面板上的记录按钮呈红色显示状态。按 Ctrl+A 快捷键全选整个画布，执行 `选择(S)` 菜单下的 `变换选区(T)` 命令。将鼠标光标放置在变换选区控制框的右上角，按住 Shift+Alt 快捷键，中心缩放选区至如图 4-10 所示状态，按 Enter 键确定选区变换。

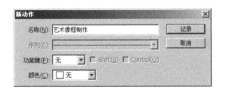

图 4-9　"新动作"对话框　　　　　　图 4-10　中心缩放选区

（5）按 Ctrl+Shift+I 快捷键对变换后的选区进行反向选择，单击图层控制面板下方的 ▫ 按钮新建一个图层，设置前景色为#A87C28，按 Alt+Delete 快捷键给选区填充前景色，得到如图 4-11 所示的效果，此时的"动作"面板记录状态如图 4-12 所示。

图 4-11　给选区填充前景色后的效果　　　　图 4-12　"动作"面板的记录状态

（6）执行 滤镜(T) 菜单中 杂色 滤镜组下的 添加杂色... 滤镜命令，在弹出的"添加杂色"滤镜对话框中设置其参数如图 4-13 所示，单击 好 按钮确定，得到如图 4-14 所示的效果。

图 4-13　"添加杂色"滤镜对话框　　　　图 4-14　执行"添加杂色"滤镜后的图像效果

（7）单击图层控制面板下方的 ⨏. 按钮，在展开的样式菜单中选择 斜面和浮雕... 选项，在弹出的"图层样式"对话框中设置"斜面和浮雕"样式的参数如图 4-15 中所示。

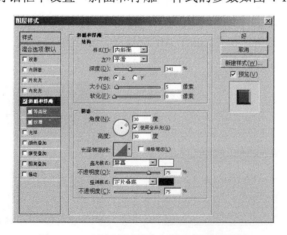

图 4-15　"斜面和浮雕"样式的参数设置

（8）单击 [　好　] 按钮得到如图4-16所示的效果。

（9）按Ctrl+D快捷键取消选区。按Ctrl+J快捷键将"斜面和浮雕"层复制一个图层副本。按Ctrl+T快捷键对所复制的副本图层进行中心缩放，其缩放后的状态如图4-17所示，按Enter键确定选区变换。

图4-16　给"杂色滤镜"图层添加"斜面和浮雕"滤镜后的效果　　图4-17　中心缩放变换后的副本图层效果

（10）按Ctrl+A快捷键全选整个画布，执行 选择(S) 菜单下的 变换选区(T) 命令。将鼠标光标放置在变换选区控制框的右上角，按住Shift+Alt快捷键，中心缩放选区至如图4-18所示状态，按Enter键确定选区变换。

图4-18　中心缩放选区后的状态

（11）按Ctrl+Shift+I快捷键对变换后的选区进行反向选择，单击图层控制面板下方的 [图] 按钮新建一个图层，设置前景色为#CDB890，按Alt+Delete快捷键给选区填充前景色，得到如图4-19所示的效果。按Ctrl+[快捷键将填充层移到背景层之上，按Ctrl+D快捷键取消选区，得到如图4-20所示的艺术像框效果。

图4-19　给选区填充前景色后的效果　　　　图4-20　移动图层顺序后的效果

（12）单击动作控制面板上的 ■ 按钮停止动作录制。此时"动作"面板的记录状态如图 4-21 所示。在光盘或其他材质库中任选一张图片作为应用所建立的动作的图片，这里所选的图片如图 4-22 所示。

（13）单击"动作"面板中的 ▶ 按钮，应用刚刚录制的动作，得到如图 4-23 所示的效果。

图 4-21　动作面板记录动作状态　　图 4-22　动作作用的图片　　图 4-23　应用动作得到的艺术像框效果

4.3　通道运用——积雪效果

（1）打开随书光盘中如图 4-24 所示的图像。

图 4-24　打开图像文件

（2）单击通道控制面板 通道 ，在通道控制面板中分别单击红、绿、蓝通道，仔细观察这 3 个通道效果，如图 4-25 所示。选择白色细节较多的红色或绿色通道，在本例中作者选择白色细节较多的红色通道。

（3）将红色通道拖到 ▫ 创建新通道按钮上，复制出红副本通道。按 Ctrl+L 快捷键打开"色阶"对话框，在"色阶"对话框中，调整其色阶状态如图 4-26 所示，单击 好 按钮，得到红色副本通道效果如图 4-27 所示。

(a) 红色通道　　　　　　　　(b) 绿色通道　　　　　　　　(c) 蓝色通道

图 4-25　红绿蓝通道的对比效果

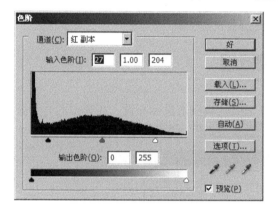

图 4-26　调整色阶状态

图 4-27　色阶调整后的效果

（4）按住 Ctrl 键单击红色副本通道，将红色副本通道中的白色载入为选区，单击图层控制面板，返回到图层编辑状态，按 Ctrl+Shift+Alt+N 快捷键建立新图层，设置前景色为# ffffff，按 Alt+Delete 快捷键给选区填充前景色，得到如图 4-28 所示的效果。

图 4-28　给选区填充前景色后的效果

（5）从图 4.28 可以看到，远处的天空和近处的树干上都填上了积雪，这些地方有积雪就会显得失真，需要进行处理。选择工具箱中的橡皮擦工具，擦除远处天空及树干上多余的积雪，得到处理后的最终积雪效果如图 4-29 所示。

图 4-29　处理完成后的最终积雪效果

4.4 图层样式运用——玉石手镯效果

（1）启动 Photoshop 8.0，按住 Ctrl 键在窗口空白区域双击鼠标左键，在弹出的"新建"对话框中设置其参数如图 4-30 所示，单击 好 按钮，得到新建的图像文件。

图 4-30　新建图像参数设置

（2）设置前景色为#44023F，按 Alt+Delete 快捷键给背景层填充上前景色。按 Ctrl+Shift+Alt+N 快捷键新建"图层 1"，设置前景色为# DDF7E2，背景色为# 3AA882，选择 滤镜 菜单 渲染 滤镜组下的 云彩 滤镜，得到如图 4-31 所示的效果。选择工具箱中的矩形选框工具 ，在画布上创建如图 4-32 所示的选区。

图 4-31　云彩滤镜后的图像效果

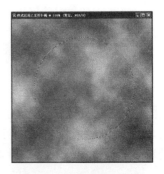

图 4-32　创建的椭圆形选区

（3）按 Ctrl+J 快捷键将选区内的图像复制为"图层 2"。在图层控制面板中选择"图层 1"，按住 Alt 键单击图层控制面板上的 删除图层按钮，将"图层 1"删除。按住 Ctrl 键单击图层控制面板上的"图层 2"载入图层的不透明区域为选区。执行 选择(S) 菜单下的 变换选区(T) 命令，按住 Shift+Alt 快捷键中心变换选区得到如图 4-33 所示的效果，按 Enter 键确认选区变换。按 Delete 键删除选区内的图像，得到如图 4-34 所示的效果。

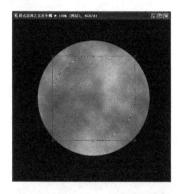

图 4-33　中心变换选区后的状态　　　　图 4-34　删除选区内的图像

（4）按 Ctrl+D 快捷键取消选区。单击图层控制面板上的 添加图层样式按钮，在弹出的样式列表中选择 斜面和浮雕… 样式，设置斜面和浮雕样式的结构参数，如图 4-35 所示，设置斜面和浮雕样式的阴影参数，如图 4-36 所示，其中暗调模式颜色为 #12EB64。

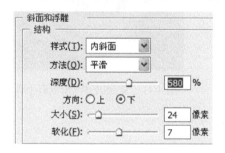
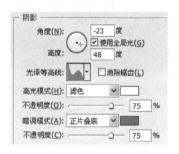

图 4-35　设置斜面和浮雕样式的结构参数　　图 4-36　设置斜面和浮雕样式的阴影参数

（5）勾选斜面和浮雕样式中的 等高线 样式，并设置等高线样式参数状态如图 4-37 所示。

图 4-37　"等高线"样式参数设置

（6）勾选样式列表中的 外发光 样式，并设置外发光样式参数状态，如图 4-38 所示，外发光颜色为 #BED8FF。勾选样式列表中的 投影 样式，并设置投影样式参数状态，如图 4-39 所示。

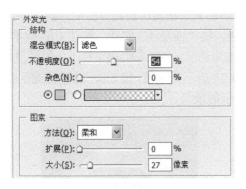

图 4-38 "外发光"样式参数设置

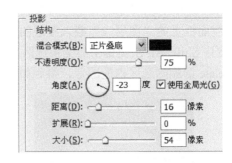

图 4-39 "投影"样式参数设置

(7) 单击 好 按钮，得到如图 4-40 所示的效果。按住 Ctrl+Alt 快捷键在画布上拖动鼠标，复制出另一个玉石手镯，如图 4-41 所示，至此，玉石手镯制作完成。

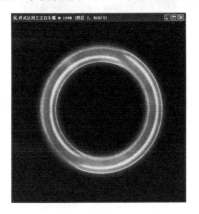

图 4-40 添加图层样式后玉石手镯的效果

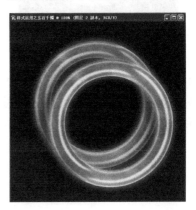

图 4-41 复制出另一个玉石手镯

技术点评

这一章中所练习的 4 个实例是浮动控制面板综合运用的典型案例。蒙版具有强大的图像处理及合成功能，运用它可以产生许多特殊的图像效果；动作是重复运用同一类型操作的结果，录制使用动作可以节约操作时间，提高工作效率，它类似于 CorelDRAW 中的脚本。希望读者能熟悉并掌握它们的使用方法。

技术检测

1. 在一个空白图像文件中放置两张有不同画面的图像，在图层控制面板中选择最上层图层，单击图层控制面板中的 按钮添加图层蒙版，选择工具箱中的 工具，分别用白色和黑色在蒙版层上进行涂抹，试比较它们产生的效果有什么不同？

2. 扫描几幅带网纹的图片，利用"动作"面板录制对其中一幅图片除去网格的过程，试对其他几幅图片应用所录制的动作，看能不能除去其他几幅图片中的网纹。若不能除去，试分析问题出在哪一个操作步骤上，并修改此操作步骤。

第 5 章 平面与美学艺术

【上机目的】

通过虚面、画布分割、画面平衡的实例练习，让读者了解在平面设计中美学构成的重要性，为今后设计出形象生动、富有韵律的平面作品打好基础。

【上机内容】

虚面的运用（标签设计）、画面的分割（手机杂志广告设计）及画面平衡（啤酒广告设计）实例。

5.1 虚面在平面中的运用——标签设计

（1）启动 Photoshop 8.0，按 Ctrl+N 快捷键新建一幅图像。设置新建图像文件的参数，如图 5-1 所示，单击  按钮确定。

图 5-1 "新建"文件对话框中的参数设置

（2）设置前景色为#75022A，背景色为#FCF0B0，选择工具箱中的 工具，在工具属性栏上选择线性渐变按钮 ，在画布上由上至下拖动鼠标，给图像填充如图 5-2 所示的渐变效果。

（3）选择工具箱中的 工具，在画布上绘制如图 5-3 所示的路径形状作为虚面的造型。

（4）单击图层控制面板下方的 按钮新建一个图层，并命名为"虚面"。按 Ctrl+Enter 快捷键将路径转换为选区。设置前景色为#4B0419，按 Alt+Delete 快捷键给选区填充前景色，按 Ctrl+D 快捷键取消选区，得到如图 5-4 所示的效果。

（5）单击图层控制面板下方的 按钮新建一个图层，选择工具箱中的 工具，在画布上绘制如图 5-5 所示的闭合路径形状。

图 5-2　图像填充线性渐变后的效果　　图 5-3　用钢笔工具绘制的虚面造型

 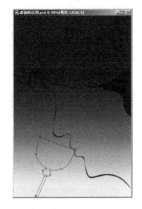

图 5-4　给选区填充前景色后的效果　　图 5-5　用钢笔工具绘制的路径形状

（6）按 Ctrl+Enter 快捷键将路径转换为选区。设置前景色为#75022A，背景色为#FCF0B0，选择工具箱中的 ▇ 工具，在工具属性栏上选择线性渐变按钮 ▇ ，在画布上由上至下拖动鼠标，给图像填充如图 5-6 所示的渐变效果，按 Ctrl+D 快捷键取消选区。

（7）选择工具箱中的 ▇ 工具，在画布上绘制如图 5-7 所示的选区，按 Ctrl+M 快捷键打开曲线调整对话框，调整曲线状态如图 5-8 所示。

图 5-6　给选区内填充线性渐变　　图 5-7　用折线套索绘制的选区

（8）单击 ▇ 好 ▇ 按钮确认，得到如图 5-9 所示的效果，按 Ctrl+D 快捷键取消选区。

第 5 章　平面与美学艺术　　　45

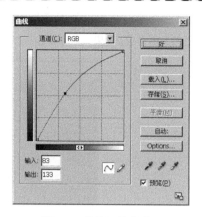

图 5-8　曲线调整状态　　　　　　　图 5-9　曲线调整后选区内图像的效果

（9）选择工具箱中的 工具，在画布上绘制如图 5-10 所示的闭合路径形状。按 Ctrl+Enter 快捷键将路径转换为选区，按 Ctrl+M 快捷键打开曲线调整对话框，调整曲线状态如图 5-11 所示。

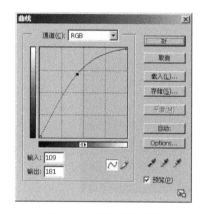

图 5-10　路径形状　　　　　　　　　图 5-11　调整曲线状态

（10）单击 按钮确认，得到如图 5-12 所示的效果，按 Ctrl+D 快捷键取消选区。

（11）再一次运用虚面效果。单击通道面板下方的 按钮新建一个通道，选择工具箱中的 工具，确认线性渐变按钮处于被选中状态，给新建的通道填充如图 5-13 所示的渐变效果。

图 5-12　曲线调整后选区内的图像效果　　　图 5-13　给新建通道填充线性渐变后的效果

(12) 执行滤镜菜单下 像素化 的滤镜下的 彩色半调... 命令,在弹出的对话框中设置其参数,如图 5-14 所示,单击 好 按钮,得到如图 5-15 所示的效果。

图 5-14 "彩色半调"滤镜对话框　　图 5-15 执行"彩色半调"滤镜后的效果

(13) 按住 Ctrl 键单击执行"彩色半调"滤镜后的通道,得到如图 5-16 所示的选区,返回到图层控制面板。单击图层控制面板下方的 按钮新建一个图层,设置前景色为#4B0419,按 Alt+Delete 快捷键给选区填充前景色,按 Ctrl+D 快捷键取消选区,得到如图 5-17 所示的效果。

图 5-16 载入通道选区状态　　图 5-17 在新建图层上给选区填充前景色

(14) 设置前景色为# F5E70E,选择工具箱中的 T 工具,在画布上输入如图 5-18 所示的文字"多冠红葡萄酒"。

(15) 使用文字工具 T 分别输入颜色为# B99754 的文字"为 2008 奥运会干杯"、白色文字"DUO GUAN HONG PU TAO JIOU"、颜色为# D23A37 的文字"2008",其效果如图 5-19 所示。

图 5-18 输入"多冠红葡萄酒"文字后的效果　　图 5-19 输入"为 2008 奥运会干杯"等文字后的效果

（16）选择工具箱中的椭圆形选框工具 ◯，在画布上绘制如图 5-20 所示的路径形状，选择文字工具 T，沿路径输入红色文字"贮藏条件：避免阳光直射"，效果如图 5-21 所示。

（17）再次使用文字工具 T，输入黑色文字"原料：葡萄　酒精度：10%（V/V）　保质期 15 年"后，对文字进行适当的旋转变换，得到如图 5-22 所示的效果。

图 5-20　用椭圆形选框工具创建的椭圆选区

图 5-21　在形状路径上输入的文字

图 5-22　输入黑色文字后的效果

（18）在所有文字图层之下新建一个图层，选择 ▢ 工具在画布上建立如图 5-23 所示的选区，设置前景色为#812335，给选区填充前景色，给选区描 6 像素宽的白色边，按 Ctrl+D 快捷键取消选区，得到如图 5-24 所示的效果。

（19）将完成填色和描边后的矩形再复制一个到画布的底部。选择文字工具 T，并输入文字"厂址：四川省达州市多冠酒业有限公司"，最后得到完成后的效果如图 5-25 所示。

图 5-23　创建选区

图 5-24　对选区进行填色和描边后的效果

图 5-25　完成后的"酒瓶标签"的最终效果

 技术点评

"虚面"可以是点或线的组合。在上例中，虚面既展示了主题又丰富了画面，可见掌握好虚面的运用是非常必要的。

5.2 面的虚实对比运用——艺术海报设计

（1）按 Ctrl+N 快捷键新建一个尺寸大小为"15 厘米×7.5 厘米"、名为"硬笔书法艺术展"的图像文件，其他参数设置如图 5-26 所示，单击 按钮完成图像的新建。

图 5-26 "新建"文件对话框中的参数设置

（2）设置前景色为#000000，按 Alt+Delete 快捷键给画布填充前景色。选择工具箱中的 工具，在画布上绘制如图 5-27 所示的"手形"路径形状。

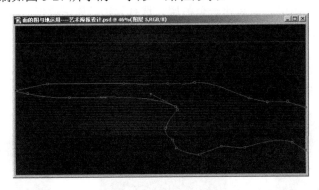

图 5-27 用钢笔工具绘制的"手形"路径形状

（3）按 Ctrl+Enter 快捷键将所绘制的路径转换为选区，设置前景色为#FFFFFF，按 Alt+Delete 快捷键给选区填充前景色，形成"图"与"地"。

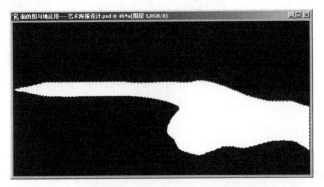

图 5-28 给选区填充前景色后的效果

第 5 章 平面与美学艺术

（4）按 Ctrl+D 快捷键取消选区，选择"魔棒"工具，在画布上选取如图 5-29 所示的区域。

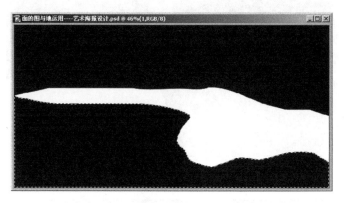

图 5-29 用"魔棒"工具创建的选择区域

（5）单击图层控制面板上的 按钮新建一个图层，设置前景色为#EF501F，按 Alt+Delete 快捷键给选区填充前景色，得到如图 5-30 所示的效果。

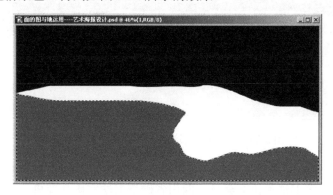

图 5-30 给选区填充前景色后的效果

（6）按 Ctrl+D 快捷键取消选区，打开本书附盘中如图 5-31 所示的书法图片，并将其拖放到海报文件中。

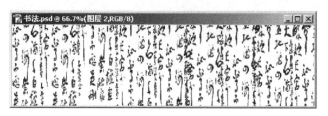

图 5-31 打开的书法图片

（7）调整书法图片的大小以适合文件画布的大小，按 Ctrl+G 快捷键将书法图层与下面红色图层编组，调整书法图层的不透明度值为 40%，得到如图 5-32 所示的效果。

（8）按 Ctrl+J 快捷键将编辑后的书法层再复制一个图层副本，按 Ctrl+Shift+G 快捷键取消该层的编组，设置前景色为#FFFFFF，按 Alt+Shift+Delete 快捷键给书法填充上白色，调整填充了颜色后的书法图层，其效果如图 5-33 所示。

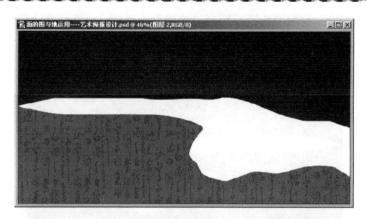

图 5-32 对书法图层编组并调整透明度值后的图像效果

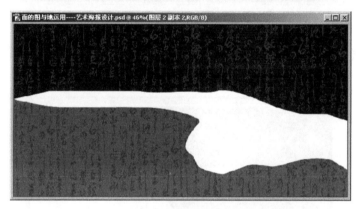

图 5-33 将复制的书法图层填充白色后的效果

（9）选择文字工具 ，输入黑色文字"阳光硬笔书法艺术展"、白色文字"阳光：生于一九七五年、中国硬笔书法家协会会员、四川省硬笔书法家协会理事、达州硬笔书法家协会主席"，完成后其效果如图 5-34 所示。

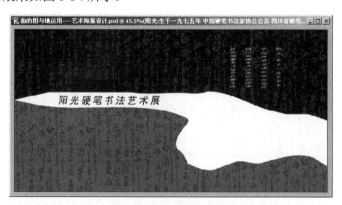

图 5-34 输入文字后的效果

（10）选择文字工具 ，并输入红色文字"YANG GUANG YING BI SHU FA YI SHU ZHAN"、白色文字"吾落墨处黑 我着眼处白"，其效果如图 5-35 所示。

（11）选择工具箱中的 工具，在画布上绘制如图 5-36 所示的路径。

第 5 章　平面与美学艺术　　　　　　　　　　　　　　　　　51

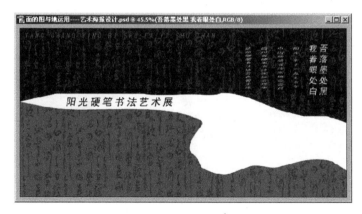

图 5-35　输入文字

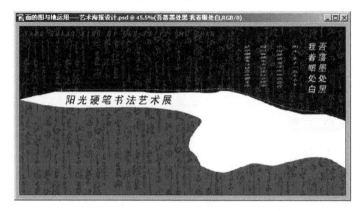

图 5-36　绘制路径

（12）选择文字工具 T，沿路径输入白色文字"展出地点：达州市人民公园艺术馆二楼 展出时间：2005 年一月至 2005 年二月"，其效果如图 5-37 所示。

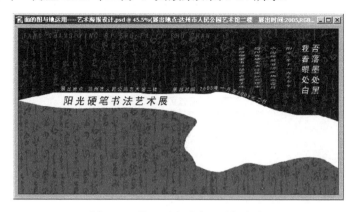

图 5-37　输入展出地点及时间文字

（13）选择画笔工具 ，在工具属性栏上设置画笔的大小为 22 像素，设置前景色为 #EF501F，在画布上写一个"书"字，其效果如图 5-38 所示。

（14）单击图层控制面板下方的 按钮，在展开的样式菜单中选择 投影 及 斜面和浮雕 样式选项，并设置其参数，如图 5-39 所示。

图 5-38 用画笔工具写的"书"字

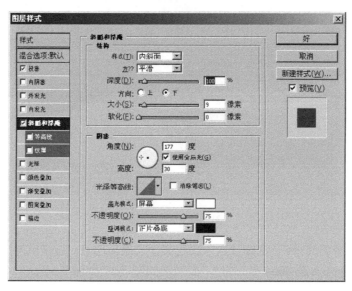

图 5-39 "斜面和浮雕"样式面板中的参数设置

（15）单击 按钮，并调整该层的不透明度值为 45%，得到完成后的艺术海报效果如图 5-40 所示。

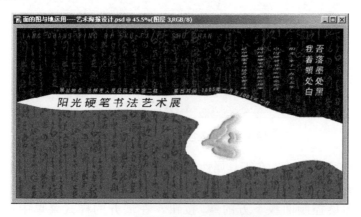

图 5-40 设计完成后的艺术海报效果

5.3 费波纳齐数分割的运用——手机杂志广告设计

（1）按 Ctrl+N 快捷键新建一个尺寸大小为"18.4 厘米×26 厘米"、名为"手机杂志广告设计"的图像文件，其他参数设置如图 5-41 所示。

图 5-41　"新建"文件对话框中的参数设置

（2）打开本书配套光盘中如图 5-42 所示的图像文件，将该图像拖至"手机杂志广告设计"文件中作为背衬图片，调整该图像的大小及位置，如图 5-43 所示。

图 5-42　背衬图片　　　　　　　　　　图 5-43　背衬图片在新建文件中的形态

（3）打开本书配套光盘中如图 5-44 所示的图像文件，选择工具箱中的 工具，在画布中选择人物，按 Ctrl+Enter 快捷键将路径转换为选区，其状态如图 5-45 所示。

图 5-44　人物图片　　　　　　　　　　图 5-45　选择人物

(4)拖动选区内的图像至"手机杂志广告设计"文件中,调整该图像在文件中的大小及位置,如图 5-46 所示。

(5)打开本书配套光盘中如图 5-47 所示的"手机"图像文件,拖动该图像至"手机杂志广告设计"文件中,并将该图层命名为"手机",调整该图片的大小及位置,如图 5-48 所示。

图 5-46　人物图片在新建文件中的大小　　　图 5-47　"手机"图像文件

(6)在图层控制面板中确认该图层处于被选中状态,按 Ctrl+J 快捷键将选中的图层再复制一个——"手机"副本,调整副本图层图像的大小及位置,如图 5-49 所示,将副本图层隐藏。选择折线套索工具 ,绘制如图 5-50 所示的选区。

图 5-48　"手机"图片的大小及位置　　　图 5-49　"手机"副本的大小

(7)显示被隐藏的副本图层,并删除副本图层选区内的图像,按 Ctrl+D 快捷键取消选区,得到如图 5-51 所示的效果。

图 5-50　用折线套索工具绘制的选区　　　图 5-51　删除选区内图像得到的效果

（8）选择"手机"图层，给该图层添加一个投影样式效果，其参数设置如图 5-52 所示。同样勾选"外发光"样式，并设置其参数，如图 5-53 所示。

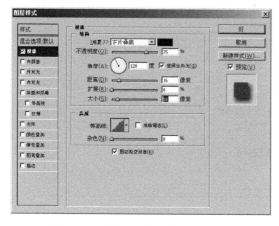 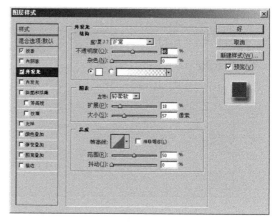

图 5-52　"投影"样式的参数设置　　　　　　图 5-53　"外发光"样式的参数设置

（9）单击 [好] 按钮，得到如图 5-54 所示的效果。

（10）选择文字工具 T，在画布上单击并输入黑色文字"配置：直板/GSM 900/1800/1900/彩屏，65536 色，TFT，128×128 像素，27.50×27.50mm，中文 6 行/16 和弦/GPRS Class 10/支持数据线/内置摄像头，30 万像素，CCD 传感器"，其效果如图 5-55 所示。

（11）输入黄色文字"CDMAR-3G"和白色文字"我的理想"、"我的最爱"、"我的梦幻"，并调整它们的位置如图 5-56 所示。

图 5-54　添加样式后的手机效果　　　图 5-55　输入手机配置的文字　　　图 5-56　输入文字

（12）选择黄色文字"CDMAR-3G"图层，给该图层添加一个"外发光"和"描边"样式，描边的颜色为#04024D，其参数设置如图 5-57 所示。

（13）单击 [好] 按钮，得到如图 5-58 所示的效果。

（14）将白色文字"我的理想"、"我的最爱"、"我的梦幻"层合并为一个图层，按 Ctrl+J 快捷键将合并后的文字层复制一个副本图层，并给副本图层填充黑色，调整副本图层的位置如图 5-59 所示，使其能更好地衬托白色的文字。

（15）在背景层上新建一个图层，选择矩形选框工具 ▣，并绘制如图 5-60 所示的矩形选区，将选区填充# 0D0642 色后取消选区。

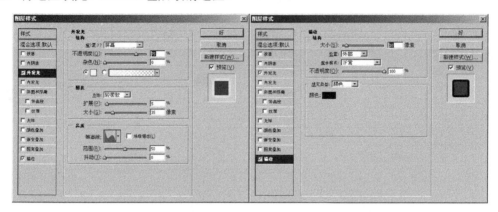

图 5-57　"外发光"及"描边"样式中的参数设置

（16）选择文字工具 T，在画布上输入白色文字"经销地址：四川省达州市三利来商场　电话：（0818）2675775"，调整文字的大小及位置，如图 5-61 所示，完成手机杂志广告的设计。

图 5-58　添加图层样式后的文字效果　　图 5-59　调整副本图层的位置　　图 5- 60　绘制矩形选区

图 5-61　完成制作后的手机杂志广告

5.4 画面平衡的运用——啤酒广告

（1）新建一个尺寸大小为"20厘米×10.5厘米"、名为"画面平衡运用——啤酒广告"的图像文件，其他参数设置如图 5-62 所示，单击 [好] 按钮确认。

（2）设置前景色为#0F6C04，按 Alt+Delete 快捷键给画布填充前景色。设置前景色为#F7F7F2，选择 工具并确认工具属性栏上的填充像素 按钮处于被选中状态，设置直线的粗细为 3 像素，在画布上绘制如图 5-63 所示的直线。

图 5-62　"新建"文件对话框中的参数设置

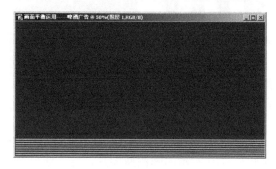

图 5-63　绘制的直线

（3）调整直线层的不透明度值为 35%。将透明度调整后的直线图层复制一个副本图层，修改其不透明度值为 20%，并调整其位置，如图 5-64 所示。

（4）单击图层控制面板上的 按钮，给直线副本图层添加图层蒙版，选择 工具并填充线性渐变，得到如图 5-65 所示的效果。

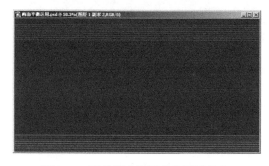

图 5-64　直线副本图层的位置及状态

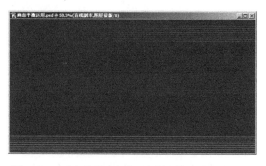

图 5-65　对直线蒙版图层填充线性渐变后的效果

(5) 单击图层控制面板上的 按钮,新建一个图层,命名为"方框装饰"。选择 工具并创建如图 5-66 所示的选区。

(6) 设置前景色为#F7F7F2,设置背景色为#0F6C04,选择 工具并填充线性渐变,得到如图 5-67 所示的效果,按 Ctrl+D 快捷键取消选区。

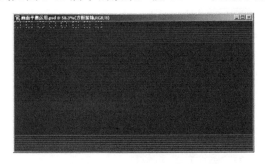
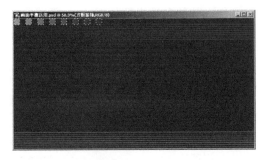

图 5-66　用矩形选框工具创建的选区　　　　图 5-67　给选区填充线性渐变后的效果

(7) 打开随书光盘中如图 5-68 所示的专用字体图片,将其拖至"啤酒广告"文件中,将该图片的不透明度值设置为 10%,调整其大小和位置,如图 5-69 所示。

图 5-68　专用文字图片　　　　图 5-69　调整专用字体图层的不透明度值后的效果

(8) 打开随书光盘中如图 5-70 所示的啤酒瓶图片,将其拖至"啤酒广告"文件中,调整该图片的大小和位置,其效果如图 5-71 所示。

图 5-70　啤酒瓶图片　　　　图 5-71　啤酒瓶图片在广告文件中的状态

(9) 给"啤酒瓶"图层添加一个"外发光"样式,并设置其参数,如图 5-72 所示。

第 5 章 平面与美学艺术 59

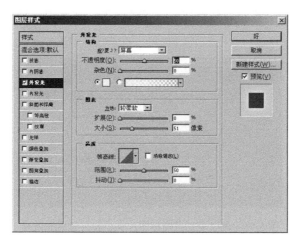

图 5-72 "外发光"样式面板中的参数设置

(10) 单击 好 按钮，得到如图 5-73 所示的效果。

图 5-73 "外发光"处理后的啤酒瓶效果

(11) 打开随书光盘中如图 5-74、图 5-75 所示的麦穗及商标图片。

图 5-74 麦穗图片

图 5-75 商标图片

（12）将上面打开的两幅图片分别拖至"啤酒广告"文件中，调整它们的位置及大小，其效果如图 5-76 所示。

图 5-76 调整麦穗及商标图片大小和位置后的效果

（13）再次将"专用字体"图片拖入到"啤酒广告"文件中，并对其添加一个"斜面和浮雕"样式，其效果如图 5-77 所示。从整个画布构成来看，图像的左边显得很空，右边很重，使图片看起来不平衡，需要进行处理。

图 5-77 用"斜面和浮雕"样式处理后的效果

（14）选择文字工具 T，在画布上输入黄色广告文字"金卅保健啤酒 活血健胃益寿"，并将其调整至如图 5-78 所示的位置。

图 5-78 广告文字

（15）按 Ctrl+J 快捷键将广告文字复制一个副本图层。选择副本图层中的广告文字，将该图层文字的颜色改为#7E15CF，给该图层文字添加"投影"及"外发光"样式，并设置其参数，如图 5-79、图 5-80 所示。

第 5 章 平面与美学艺术

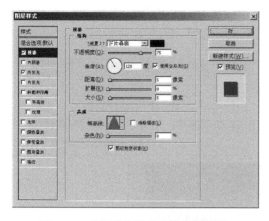
图 5-79 "投影"样式中的参数设置

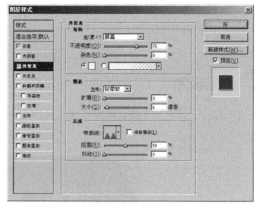
图 5-80 "外发光"样式中的参数设置

（16）单击 [好] 按钮，得到如图 5-81 所示的效果。

图 5-81 对文字添加"投影"及"外发光"样式后的效果

（17）选择文字工具 T，在画布上输入黄色文字"保胃专家"、白色文字"经销地址：四川省达州市老车坝 20 号 订购热线：(0818)2675774"及"www.scdzjs.com"，调整其位置为如图 5-82 所示，这样就使得整幅画面平衡而生动。

图 5-82 输入其他文字后的效果

 技术点评

本章所练习的是平面美学构成的典型案例。构成是让平面作品更加生动、更有韵律的基石。作为美术设计，需要掌握的基础就是构成学，它包括点、线、面的运用，色彩的应用和立体的应用。在本章中所练习的实例是运用平面美学知识进行商业设计的典范，希望读者能举一反三，根据商业需要设计出更加出色的作品。

 技术检测

1. 根据随书光盘"技术检测"目录"1"文件夹中所提供的图片，完成下面平面的构成设计，文字自拟。

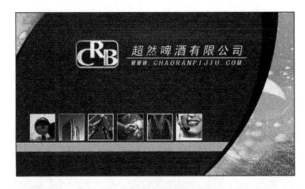

2. 根据随书光盘"技术检测"目录"2"文件夹中所提供的图片，制作完成下图所示的卡片。

第6章 数码图像的处理

【上机目的】

熟悉图像的常规处理方法，巩固加深对工具的使用技法。

【上机内容】

本章上机练习的内容主要是针对图像处理在商业中的运用设计的，它包括：抠图练习、图像的更换背景练习、破损图像的修复练习、黑白图像的上彩练习、图像的亮度/对比度调整练习、图像液化处理的运用等。

6.1 抠图练习

抠取图像中水果的操作方法有两种。

方法一：用钢笔工具抠取图像

（1）打开随书光盘中如图6-1所示的图片。

（2）选择工具箱中的 工具，在画布上选择水果图像，其状态如图6-2所示，选取水果的时候，可按Ctrl+"+"快捷键放大图像，这样做可使所选取的图像较精确。

图6-1 打开的图片

图6-2 放大视窗后用钢笔工具选取图像时的状态

（3）按Ctrl+Enter快捷键将路径转换为选区，再按Ctrl+C快捷键复制选区内的图像后，然后按Ctrl+V快捷键将复制到剪贴板中的图像粘贴出来，将其移动至如图6-3所示的位置，这样就从图像中抠出了所需要的部分。

图 6-3　抠取图像并移动至适当的位置

方法二：用 工具抠取图像

（1）选择工具箱中的折线套索工具 ，设置该工具的属性为如图 6-4 所示的参数。

图 6-4　折线套索工具属性栏

（2）在画布上水果的边缘单击鼠标左键并沿着水果边缘移动鼠标，若选择的图像有拐角的地方，可单击一下，增加一个定位锚点，如图 6-5 所示，直至选择了如图 6-6 所示的水果。

图 6-5　在拐角处增加定位锚点　　　　　　图 6-6　选取水果

（3）按 Ctrl+C 快捷键复制选区内的图像后，再按 Ctrl+V 快捷键将复制到剪贴板中的图像粘贴出来，这样就从图像中抠出了所需要的部分。

第 6 章　数码图像的处理　　65

方法三：用抽出滤镜抠取图像

（1）打开随书光盘中如图 6-7 所示的图像。

图 6-7　抽出滤镜抠图练习图片

（2）执行 滤镜(T) 菜单中的 抽出(X)... 滤镜（也可按 Ctrl+Alt+X 快捷键），在打开的"抽出"滤镜对话框中选择边缘高光器工具 ，在需要抽出的图像边缘绘制出如图 6-8 所示的效果。注意，需要抽出的区域一定要呈闭合状态，否则在下一步填充时将会出错。

图 6-8　用边缘高光器绘制出需要抽出的图像边缘

（3）在"抽出"滤镜对话框中选择填充工具 ，单击需要抽出的图像部分，得到如图 6-9 所示的填充效果。

图 6-9　填充需要抽出的图像部分

（4）单击 按钮，得到被抽出的图像效果，如图 6-10 所示。

图 6-10　被抠取后的图像效果

方法四：用通道抠取图像

（1）打开随书光盘中如图 6-7 所示的图像。单击 通道 控制面板切换到通道编辑状态。将蓝色通道复制一个"蓝 副本"通道，按 Ctrl+I 快捷键对"蓝 副本"通道进行反相处理，得到如图 6-11 所示的效果。

图 6-11　蓝副本通道反相处理后的效果

（2）按 Ctrl+L 快捷键打开"色阶"对话框，调整其参数如图 6-12 所示，单击 好 按钮得到如图 6-13 所示的效果。

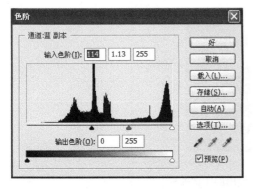

图 6-12　调整"色阶"对话框中的参数

图 6-13　色阶调整后的效果

第 6 章　数码图像的处理　　67

（3）选择工具箱中的钢笔工具，选取蓝副本通道中需要抠取的图像，如图 6-14 所示。按 Ctrl+Enter 快捷键将路径转换为选区，并给选区填充纯白色，得到如图 6-15 所示的效果。

图 6-14　用钢笔工具绘制要抠取的图像部分　　　　图 6-15　给选区填充纯白色后的效果

（4）按 Ctrl+Shift+I 快捷键反向选择图像，选择工具箱中的加深工具，加深左下角的灰色区域，将其加深为深黑色，其效果如图 6-16 所示。按住 Ctrl 键单击"蓝　副本"通道，将蓝副本通道中的白色部色载入为选区，如图 6-17 所示。

图 6-16　对反向选择后的图像进行加深处理　　　　图 6-17　载入蓝副本层中的白色部分

（5）单击图层控制面板，按 Ctrl+J 快捷键将背景层选区内的图像复制为"图层 1"，如图 6-18 所示。单击背景层上的图标，关闭背景层的可视性，得到如图 6-19 所示的抠取效果。

图 6-18　图层控制面板状态　　　　　　　　图 6-19　用通道抠取出来的图像效果

总的来讲，抠取图像的方法很多，一般常采用魔棒、色彩范围、磁性套索、钢笔工具、抽出、图层蒙版、通道等抠图方法。通道、图层蒙版及抽出滤镜这 3 种方法对人物图像的发丝部分可产生较好的抠取效果，希望读者多练习这些抠图方法，不断理解，快速掌握，为以后提高工作效率打下良好的基础。

6.2 图像换背景练习

（1）打开随书光盘中如图 6-20、图 6-21 所示的两幅图像。下面将图 6-20 中的背景图像换成图 6-21 中的图像。

图 6-20　人物图像　　　　　　　　图 6-21　风景图像

（2）选择工具箱中的 工具，在画布上参照前例中所讲的抠图方法先选取图像中的人物图像（需要放大图像），其状态如图 6-22 所示。

（3）按 Ctrl+Enter 快捷键将路径转换为选区，将鼠标移到选区内，按住鼠标拖动选区内的图像到图 6-21 中，调整图像的大小，得到如图 6-23 所示的效果。若人物图片到另一背景中出现白色边界，可用图像菜单中的"修边"命令去除边界。

图 6-22　用钢笔工具选择人物图像

第 6 章　数码图像的处理　　　　　　　　　　　　　　　　69

图 6-23　图像变换背景后的效果

6.3　破损图像的修复练习

方法一：用 🩹 工具修复

（1）打开随书光盘中如图 6-24 所示的图像。

图 6-24　破损图像

（2）选择工具箱中的 🩹 工具，在工具属性栏上选择一枝大小为 19 像素，硬度值为 0 的圆形画笔，并设置其参数，如图 6-25 所示。

图 6-25　修复画笔工具的参数设置

（3）按住 Alt 键在画布上如图 6-26 所示的地方取样。然后将鼠标光标移动到图像中破损的地方，如图 6-27 所示。单击鼠标左键得到修复后的效果，其效果如图 6-28 所示。

图 6-26　在破损处边缘进行取样　　　　图 6-27　移动鼠标到破损处　　　　图 6-28　单击鼠标修复

（4）用同样的方法并采取亮点对亮点、暗点对暗点的方式修复图像，其效果如图 6-29 所示。

图 6-29　采用修复工具修复后的图像

方法二： 用 工具修复

（1）选择工具箱中的 工具，在工具属性栏上选择一支大小为 19 像素，硬度值为 0 的圆形画笔，并设置其参数，如图 6-30 所示。

图 6-30　橡皮图章工具的参数设置

（2）按住 Alt 键在画布上如图 6-31 所示的地方取样。然后将鼠标光标移动到图像中破损的地方，如图 6-32 所示。单击鼠标左键可得到修复后的效果，其效果如图 6-33 所示。

图 6-31　在破损处边缘进行取样　　　　图 6-32　移动鼠标到破损处　　　　图 6-33　单击鼠标修复

第 6 章　数码图像的处理　　　　　　　　　　　　　　　　　　　　　71

（3）用亮点对亮点、暗点对暗点的修复方式逐步修复图像，如图 6-34 所示。

图 6-34　图像的修复过程

从上面列举的两种修复方式来看，明显地感觉到用 ![] 工具所修复的图像融合度比用 ![] 工具修复图像产生的融合度要好。

方法三：用修补工具 ![] 修复

（1）打开随书光盘中如图 6-35 所示的图像。在该图像中，人物的脸部破损较严重，必须进行修复，由于面积比较大，若是采用以前的方法，修复起来会比较麻烦，下面介绍一种针对这种情况比较快捷的修图方法。

图 6-35　需要修补的大面积破损图像

（2）选择工具箱中的修补工具 ![]，在如图 6-36 所示的选项栏中，有两个重要参数，其中 ⊙源 选项处于选择状态时，必须选择破损的区域，然后将该区域内的图像拖到好皮肤处进行修复。若是 ⊙目标 选项处于选择状态，则必须选择好的皮肤区域，然后拖动选区内的图像到破损图像上进行修复。下面分别练习这两个选项的修图方法。

图 6-36　修补工具选项

（3）确认选项栏中 ⊙源 选项处于选择状态，在图像中选择破损图像区域，如图 6-37 所示。

图 6-37 用修补工具选择破损图像区域

（4）按住鼠标拖动选区内的图像至如图 6-38 所示的好皮肤位置，松开鼠标并取消选区得到如图 6-39 所示的效果，图像修复完毕。

图 6-38 移动选区内破损图像至好皮肤处　　　　图 6-39 松开鼠标后形成的图像效果

（5）确认选项栏中 ⊙目标 选项处于选择状态，在图像中选择皮肤好的图像区域，如图 6-40 所示。

图 6-40 选择图像的好皮肤区域

(6)按住鼠标拖动选区内的图像至如图 6-41 所示的好皮肤位置,松开鼠标得到如图 6-42 所示的效果。

图 6-41　将选区内的好皮肤拖到破损区域　　　　图 6-42　松开鼠标形成的初步修补效果

(7)用同样的方法将好皮肤选取并覆盖上破损皮肤处,直至修复完成,如图 6-43 所示。

图 6-43　修补完成后的图像效果

6.4　图像液化处理的运用

(1)打开随书光盘中如图 6-44 所示的图片。

图 6-44　需液化处理的图片

（2）下面将为上幅图片增加笑容，以及将该人物的脸作"瘦脸"处理。执行 滤镜(I) 菜单中的 液化(L)... 命令，或按 Ctrl+Shift+X 快捷键，打开如图 6-45 所示的液化对话框。

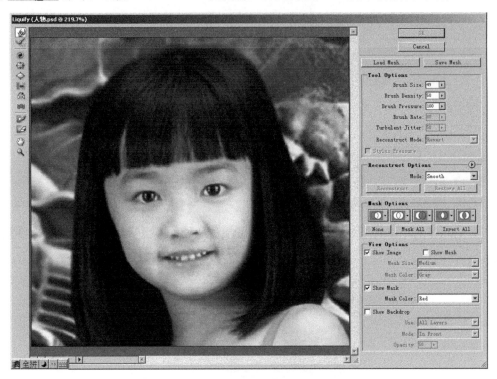

图 6-45　"液化"对话框

（3）单击液化面板工具栏上的 工具，这个工具可在需要扭曲的区域单击鼠标并按住不放，然后拖动鼠标，由于在鼠标下的区域会如液态物质一样被推向鼠标移动的方向，从而使图像产生扭曲变形的效果。在工具选项栏下设置该工具的尺寸为 30 像素，压力值设为 50，将鼠标放在人物的两个嘴角处向上提一些，如图 6-46 所示。

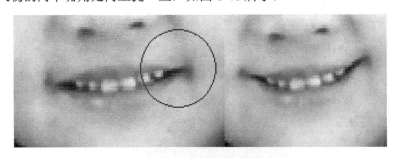

图 6-46　推动人物的嘴角产生的效果

（4）在工具选项栏下设置工具的尺寸为 61 像素，将鼠标放在如图 6-47 所示的位置，向图像右边稍稍移动鼠标，直到感觉人物的脸部变瘦而且看起来自然为止。

（5）处理完成后，单击 OK 按钮即可得到液化处理后的图像，其效果如图 6-48 所示。

第 6 章 数码图像的处理

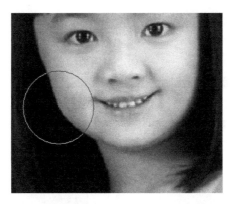

图 6-47　需要进行处理的地方

图 6-48　增加笑容和"瘦脸"处理后的图像

6.5　旧照翻新需注意的几个常见问题

（1）扫描后的照片一定要用 Ctrl+L 命令调整一下亮度、对比度。

（2）凡是用选区工具"勾线"后，记住最好要进行"勾后羽化"操作，这样可以使作品更加自然。

（3）用印章修复时，衣服有格子、纹路时要注意取样点与放样点应对齐。

（4）在修复人物时，缺损单眼可从另一只眼复制或在另一张参考照片中移接。

（5）双眼同时损坏时，请客户自带另一张照片进行移接。

（6）口鼻眼破损严重，可从另一张相似的照片中进行移接。

（7）平时要熟悉图片库中的图片，以备破损严重时使用。

（8）照片完成修复后用 Ctrl+M 命令加亮一下，查看暗区、头发等部位有无白斑，以防止打印时会出现头发不均匀的现象。

　技术点评

本章所练习的是平面作品处理中的典型案例，是广告公司及婚纱影楼经常用到的技法，这些技法是读者朋友胜任实际工作不可缺少的利器和法宝。

技术检测

1．打开随书光盘中下面左图所示的图像，将图中最完整的一个篮球"抠"取出来，并移到下面右图中所示的位置。

2．将图 6-20 中需要换背景图像的人物放在下图所示的背景中，背景图片可在随书光盘中查找。

3．将下面左图中的破损图像修复为下面右图所示的效果，图片由随书光盘提供。

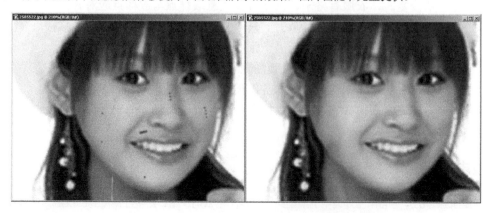

4. 给下图黑白图片进行彩色处理，图片由随书光盘提供。

5. 用液化命令给下面的左图增加笑容并"瘦脸"，其效果如下面的右图所示。

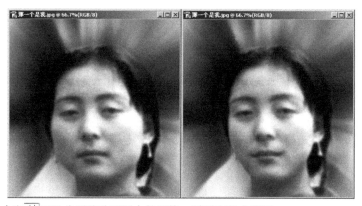

6. 用液化命令和 工具分别移动下图中的网格，看看有什么不同。

第7章 案例实战

【上机目的】

在本章中将通过对大量经典的、具有艺术性的、实用的且专业性强的案例的实战演练，来进一步加强对 Photoshop 8.0 中各种工具及命令的综合运用，引导读者更深入地发掘软件的功能，相信大家通过该章的学习，能成为一位具有一定水准的平面设计师。

【上机内容】

本章将实战案例进行了分类归纳，分为文字特效篇、纹理制作篇、动画制作篇、绘画艺术篇、商业运用篇等五部分。

7.1 文字特效篇

7.1.1 火焰效果文字

【制作要点】

在制作本案例时，一定要注意先将 RGB 模式的图像转换为灰度模式的图像，然后再将灰度模式的图像转换为索引模式的图像。虽然 RGB 模式的图像能直接转换为索引模式的图像，但后者应用颜色表所产生的效果不如前者。

【操作步骤】

（1）启动 Photoshop 8.0，按 Ctrl+N 快捷键打开"新建"文件对话框，在弹出的对话框中设置其参数，如图 7-1 所示，单击 好 按钮，得到定制的画布。

图 7-1 "新建"文件对话框中的参数设置

（2）设置前景色为 #000000，按 Alt+Delete 快捷键给背景图层填充前景色，选择工具箱中的 T 工具，在工具属性栏上设置文字的参数，如图 7-2 所示，这里最关键的是要将文字的颜色设置为 #FFFFFF。

图 7-2　文字属性栏参数

（3）设置好文字工具属性栏参数后，在画布上单击并输入如图 7-3 所示的文字。然后选择工具箱中的 [图] 工具，将文字位置调整到画布中靠底部的位置。

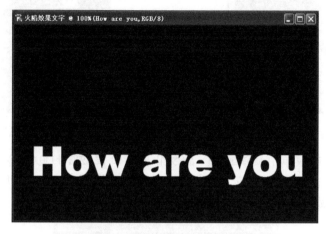

图 7-3　输入并调整位置后的文字

（4）执行 图像(I) 菜单中 旋转画布(E) 命令组下的 90 度(顺时针)(9) 命令，将画布顺时针旋转 90 度，其画布状态如图 7-4 所示。在图层控制面板中的文字层上单击鼠标右键，在弹出的快捷菜单中选择 栅格化图层 选项，将文字层转换为图形层，执行 滤镜(T) 菜单中 风格化 滤镜组下的 风... 滤镜，弹出的"风"滤镜对话框中的参数设置如图 7-5 所示。

图 7-4　画布顺时针旋转后的状态

图 7-5　"风"滤镜对话框中的参数设置

（5）单击 [好] 按钮确定，得到如图 7-6 所示的效果。按 Ctrl+F 快捷键重做这种滤镜，并重复操作三次，得到如图 7-7 所示的效果。这里重复执行滤镜的次数由读者本人根据当前效果确定。

图 7-6　执行"风"滤镜后的效果　　　　图 7-7　连续三次执行"风"滤镜后的效果

（6）执行 图像(I) 菜单中 旋转画布(E) 命令组下的 90 度(逆时针)(0) 命令，将画布逆时针旋转 90 度，其画布状态如图 7-8 所示。从这里可以看出文字已经有一定的火焰效果，但并不很真实，下面给火焰做一定的扭曲，以增加真实效果。

图 7-8　画布逆时针旋转后的效果

（7）执行 滤镜(T) 菜单中 扭曲 滤镜组下的 波纹… 滤镜，在弹出的"波纹"滤镜对话框中设置其参数如图 7-9 所示。单击 好 按钮，得到如图 7-10 所示的效果。确认图层控制面板中的文字图层处于被选中状态，按 Ctrl+E 快捷键将文字图层与背景图层合并。

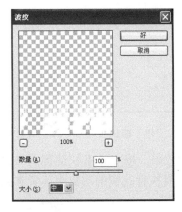

图 7-9　"波纹"滤镜对话框中的参数设置　　　　图 7-10　执行"波纹"滤镜后的效果

第 7 章 案 例 实 战

（8）执行 图像(I) 菜单中 模式(M) 命令组下的 灰度(G) 命令，将 RGB 模式图像转换为灰度模式图像。执行 图像(I) 菜单中 模式(M) 命令组下的 索引颜色(I) 命令，将灰度模式图像转换为索引颜色模式图像。这时可以看见，在模式命令组中的 颜色表(T)... 命令已呈黑色显示，这标志着"颜色表"命令已可执行了。

（9）执行 图像(I) 菜单中 模式(M) 命令组下的 颜色表(T)... 命令，在弹出的"颜色表"对话框中，选择颜色表类型为 黑体 ，其状态如图 7-11 所示，单击 好 按钮确认，得到文字的火焰效果如图 7-12 所示。

图 7-11 "颜色表"对话框中的参数设置　　　　图 7-12 应用颜色表后的文字效果

7.1.2 星光闪耀文字

【制作要点】

在制作本案例时，为了减少"溶解模式"产生的点，要将"溶解模式"图层的不透明度值设置得很小，将设置为"溶解模式"的图层与背景图层合并，执行"风"滤镜，否则在执行"风"滤镜时，那些由"溶解模式"产生的点状对象就不会变为星形，而是一大片的点。

【操作步骤】

（1）启动 Photoshop 8.0，按 Ctrl+N 快捷键打开"新建"文件对话框，在弹出的对话框中设置其参数，如图 7-13 所示，单击 好 按钮，得到定制的画布。

图 7-13 "新建"文件对话框中的参数设置

（2）按 D 键将前景色设置为黑色，按 Alt+Delete 快捷键给背景层填充前景色，选择工具箱中的 T 工具，在工具属性栏上设置其参数，如图 7-14 所示，注意设置文字的颜色为# FFFFFF。

图 7-14　文字工具属性栏的参数设置

（3）用鼠标在画布上单击，输入文字"爱我中华"。按住 Ctrl 键后单击图层控制面板上的文字图层，载入文字图层的选区轮廓，单击图层控制面板底部的 ▭ 按钮新建一个图层，此时图像及图层状态如图 7-15 所示。

图 7-15　图像及图层状态

（4）执行 选择(S) 菜单 修改(M) 命令组下的 扩展(E)... 命令，在弹出的如图 7-16 所示的"扩展选区"对话框中，输入其扩展值为"15 像素"，单击 ▭好▭ 按钮，得到如图 7-17 所示的选区效果。

图 7-16　"扩展选区"对话框中的参数设置　　　图 7-17　扩展选区后的选区状态

（5）按 Ctrl+Alt+D 快捷键对选区进行羽化操作，在弹出的如图 7-18 所示的"羽化选区"对话框中，设置其羽化值为"10"，单击 ▭好▭ 按钮，得到羽化后的选区形状如图 7-19 所示。

（6）设置前景色为#FFFFFF，按 Alt+Delete 快捷键给选区填充前景色，其效果如图 7-20 所示，若效果不明显可重复本操作多次。

（7）按 Ctrl+D 快捷键取消选区，在图层控制面板中将填充层的图层混合模式设置为"溶解模式"，此时其效果如图 7-21 所示。

（8）在图层控制面板中将该图层的不透明度值设置为 6%，此时图层在画布上的显示效果如图 7-22 所示。将"溶解模式"图层与背景图层之间添加上链接符，按 Ctrl+E 快捷键向下与背景图层合并。

（9）执行 滤镜(T) 菜单 风格化 滤镜组下的 风... 命令，在弹出的"风"滤镜菜单中设置其参数，如图 7-23 所示，单击 ▭好▭ 按钮，得到如图 7-24 所示的效果。

图 7-18 "羽化选区"对话框中的参数设置　　　图 7-19 羽化选区后的状态

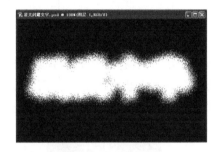

图 7-20 给羽化后的选区填充前景色后的效果　　图 7-21 更改图层混合模式后的效果

图 7-22 更改图层不透明度值后的效果

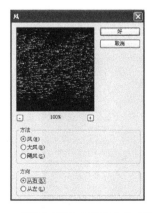

图 7-23 "风"滤镜对话框中的参数设置　　　图 7-24 执行"风"滤镜后的效果

（10）按 Ctrl+Alt+F 快捷键再次打开"风"滤镜对话框，设置其参数，如图 7-25 所示，单击 好 按钮，得到如图 7-26 所示的效果。

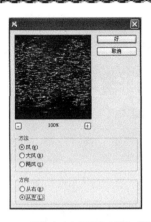

图 7-25 再次打开"风"滤镜对话框

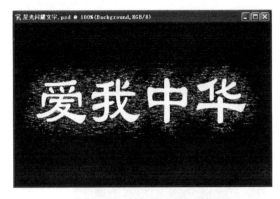

图 7-26 再次执行"风"滤镜后的效果

（11）执行 图像(I) 菜单中 旋转画布(E) 命令组下的 90 度(顺时针)(9) 命令，将画布顺时针旋转 90 度，其画布状态如图 7-27 所示。执行 滤镜(T) 菜单风格化 滤镜组下的 风… 命令，在弹出的"风"滤镜对话框中设置其参数，如图 7-28 所示，单击 好 按钮确认。

图 7-27 画布顺时针旋转后的状态

图 7-28 "风"滤镜对话框中的参数设置

（12）按 Ctrl+Alt+F 快捷键，再次打开"风"滤镜对话框，设置其参数，如图 7-29 所示，单击 好 按钮，得到如图 7-30 所示的效果。

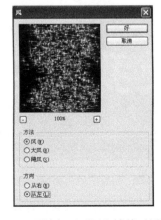

图 7-29 再次打开"风"滤镜对话框

图 7-30 再次执行"风"滤镜后的效果

第 7 章 案例实战

（13）执行 图像(I) 菜单中 旋转画布(E) 命令组下的 90 度(逆时针)(0) 命令，将画布逆时针旋转 90 度，其画布状态如图 7-31 所示。

图 7-31 逆时针旋转画布后的效果

（14）按 Ctrl+U 快捷键，执行"色相/饱和度"调整命令，在弹出的"色相/饱和度"调整对话框中调整其参数，如图 7-32 所示，单击 好 按钮确认，得到如图 7-33 所示的调整后的星光效果。

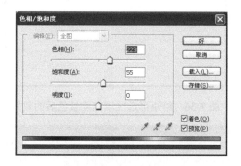

图 7-32 "色相/饱和度"对话框中的参数设置　　　图 7-33 制作完成的"星光闪耀文字"

7.1.3 砖墙美术字效果

【制作要点】

在制作砖墙文字效果时，为了达到文字是实实在在地写在砖墙上的效果，必须将砖墙内容复制并粘贴到一个 Alpha 通道中，然后对该通道的图像进行反相处理，最后将该通道的选区载入图层，确认文字图层处于被选中状态时，再删除选区内的图像，这样制作出来的文字才会有写在砖墙上的逼真效果。

【操作步骤】

（1）启动 Photoshop 8.0，按 Ctrl+N 快捷键打开新建文件对话框，在弹出的对话框中设置其参数，如图 7-34 所示，单击 好 按钮，得到定制的画布。

（2）设置前景色为#C89271，选择工具箱中的 工具，在画布上创建如图 7-35 所示的矩形，按 Alt+Delete 快捷键给选区内填充前景色，其效果如图 7-36 所示。

（3）按住 Ctrl+Alt 快捷键，复制选区内的图形，如图 7-37 所示。

（4）设置前景色为#444343，选择工具箱中的 工具，给画布中的白色间隙（砖与砖的接缝）填充前景色，得到如图 7-38 所示的效果。

图 7-34　"新建"文件对话框中的参数设置

图 7-35　用矩形选框工具创建的矩形选区

图 7-36　给矩形选区填充前景色后的效果

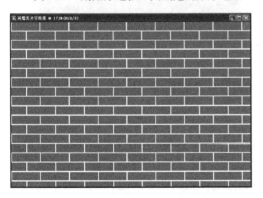

图 7-37　复制选区内图像后的效果

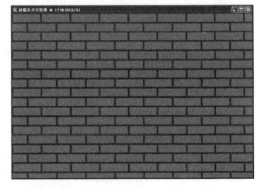

图 7-38　给白色间隙填充前景色后的效果

（5）执行 滤镜(T) 菜单 画笔描边 滤镜组下的 喷溅… 滤镜，在弹出的对话框中设置其参数，如图 7-39 所示，单击 好 按钮，得到如图 7-40 所示的效果。

（6）执行 滤镜(T) 菜单 纹理 滤镜组下的 龟裂缝… 滤镜，在弹出的对话框中设置其参数，如图 7-41 所示，单击 好 按钮，得到如图 7-42 所示的效果。

（7）执行 滤镜(T) 菜单 杂色 滤镜组下的 添加杂色… 滤镜，在弹出的对话框中设置其参数，如图 7-43 所示，单击 好 按钮，得到如图 7-44 所示的效果。

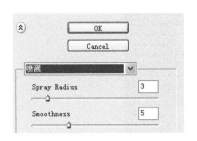

图 7-39 "喷溅"滤镜中的参数设置

图 7-40 执行"喷溅"滤镜后的效果

图 7-41 "龟裂缝"滤镜中的参数设置

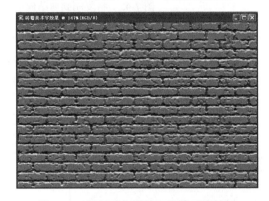

图 7-42 执行"龟裂缝"滤镜后的效果

图 7-43 "添加杂色"滤镜中的参数设置

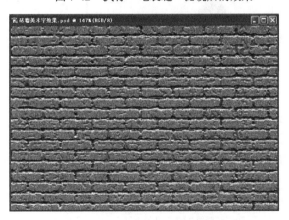

图 7-44 执行"添加杂色"滤镜后的效果

（8）按 Ctrl+A 快捷键全选整个画布，按 Ctrl+C 快捷键复制选区内的图像至剪贴板。激活通道控制面板，单击通道面板上的 按钮，新建一个 Alpha1 通道，确认所创建的 Alpha1 通道处于被选中状态，按 Ctrl+V 快捷键将剪贴板中的内容粘贴到 Alpha1 通道中，其效果如图 7-45 所示，按 Ctrl+D 快捷键取消选区。

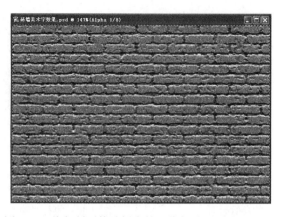

图 7-45 将复制到剪贴板中的图像粘贴到 Alpha1 通道

（9）执行 图像(I) 菜单 调整(A) 命令组下的 阈值(T)... 命令，在弹出的对话框中设置其参数，如图 7-46 所示，单击 好 按钮，得到如图 7-47 所示的效果。

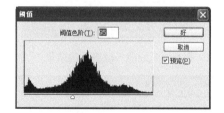

图 7-46 "阈值"命令中的参数设置

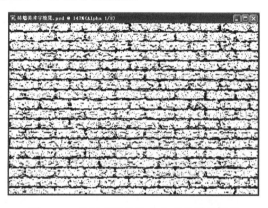

图 7-47 执行"阈值"命令后的图像效果

（10）按 Ctrl+I 快捷键对执行"阈值"命令后的 Alpha1 通道作色彩反相处理，反相后的 Alpha1 通道效果如图 7-48 所示。单击图层控制面板中的背景层，返回到图层编辑模式。选择工具箱中的 T 工具，用鼠标在画布上单击，输入如图 7-49 所示的文字。在图层控制面板中的文字层上单击鼠标右键，在弹出的快捷菜单中选择 栅格化图层 选项，将文字像素化。

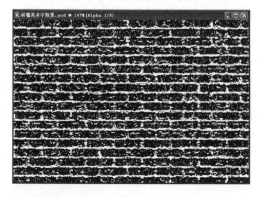

图 7-48 Alpha1 通道反相处理后的效果

图 7-49 输入文字后的效果

（11）虽然在砖的纹理上输入了文字，但文字并不具备砖的纹理效果，给人的感觉是文字浮在砖墙上，这时需载入 Alpha1 通道中的白色选区。激活通道控制面板，按住 Ctrl 键后单击 Alpha1 通道，这样就载入了 Alpha1 通道的选区。返回到图层控制面板中，确认文字层处于被选中状态，按键盘上的 Delete 键删除选区内的图像，按 Ctrl+D 快捷键取消选区，得到如图 7-50 所示的砖墙文字效果。当然，也可将文字拖到其他砖墙材质上，调整文字大小和位置即可得到另一种效果，如图 7-51 所示。

图 7-50　制作完成的砖墙文字

图 7-51　改变背景材质后的砖墙文字

7.1.4　放射文字效果

【制作要点】

在制作放射文字时，文字一定要用白色，背景色一定要用黑色，因为在应用"风"滤镜时，白色能产生很好的"风吹"效果。当然，在制作放射文字效果时，应用"极坐标"滤镜时，必须按照步骤操作。否则，所产生的效果可能就不是一回事了。

【操作步骤】

（1）启动 Photoshop 8.0，按 Ctrl+N 快捷键打开新建文件对话框，在弹出的对话框中设置其参数，如图 7-52 所示，单击 好 按钮，得到定制的画布。

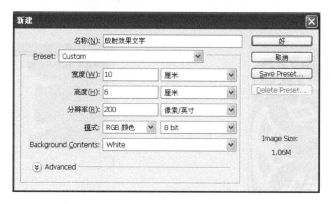

图 7-52　"新建"文件对话框中的参数设置

（2）按 D 键将前景色设置为"黑色"，按 Alt+Delete 快捷键给背景层填充前景色。按 X 键将前景色与背景色切换，选择工具箱中的 T. 工具，在画布上单击并输入如图 7-53 所示的文字。

图 7-53 用文字工具输入的文字

（3）确认图层控制面板中的文字层处于被选中状态，按 Ctrl+E 快捷键将文字层与背景层合并。执行 滤镜(T) 菜单 扭曲 滤镜组下的 极坐标… 命令，在弹出的对话框中选择"极坐标到平面坐标"选项，如图 7-54 所示，单击 好 按钮，得到如图 7-55 所示的效果。

图 7-54 "极坐标"滤镜中的参数设置

图 7-55 执行"极坐标"滤镜后的效果

（4）执行 图像(I) 菜单 旋转画布(E) 命令组中的 90 度(顺时针)(9) 命令，顺时针旋转画布，如图 7-56 所示。执行 滤镜(T) 菜单风格化滤镜组中的"风"滤镜，在弹出的对话框中设置其参数，如图 7-57 所示。

图 7-56 顺时针旋转画布后的状态

图 7-57 "风"滤镜中的参数设置

第 7 章 案例实战   91

（5）设置好"风"滤镜的参数后，单击 [好] 按钮，得到如图 7-58 所示的效果。若觉得产生的效果不是很明显，可再次按 Ctrl+F 快捷键应用滤镜，其效果如图 7-59 所示。

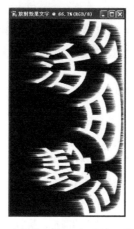

图 7-58　执行"风"滤镜后的文字效果　　　　图 7-59　重复执行"风"滤镜后的效果

（6）执行 [图像(I)] 菜单 [旋转画布(E)] 命令组中的 [90 度(逆时针)(0)] 命令，逆时针旋转画布，如图 7-60 所示。执行 [滤镜(T)] 菜单 扭曲 滤镜组下的 极坐标... 命令，在弹出的对话框中选择"平面坐标到极坐标"选项，单击 [好] 按钮，得到如图 7-61 所示的效果。

图 7-60　逆时针旋转画布后的效果　　　　图 7-61　执行"极坐标"滤镜后的效果

（7）按 Ctrl+U 快捷键执行"色相/饱和度"调整命令，在弹出的对话框中设置其参数，如图 7-62 所示，单击 [好] 按钮，得到如图 7-63 所示的效果。

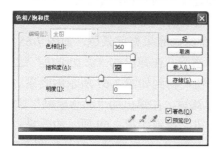

图 7-62　"色相/饱和度"中的参数设置　　　　图 7-63　执行"色相/饱和度"调整后的文字效果

技术点评

从前面练习的一系列文字效果中不难看出,"图层样式"、"渐变效果"、各种滤镜特效的使用,是产生绚烂夺目的文字特效的有效工具。熟练掌握各种菜单命令和工具的使用是提高设计效率和业务水平的前提条件,希望读者朋友通过对文字特效篇的练习,能举一反三,循序渐进。

技术检测

1. 将第一个例子中应用了"波纹"滤镜的 RGB 模式图像直接转换为索引模式图像(即不转换为灰度模式),看看制作出来的效果与用第一个例子的制作方法所产生的效果有何不同。

2. 在图像中新建一个图层,然后在该图层上绘制一个填充了颜色的椭圆对象,按 Ctrl+T 快捷键自由旋转一定的角度,试试按 Ctrl+Shift+Alt+T 快捷键会产生什么样的效果。

3. (1) 在黑色的背景层上绘制一个白色的圆形,执行"风格化"滤镜组下的"风"滤镜;(2) 在白色的背景层上绘制一个黑色的圆形,执行"风格化"滤镜组下的"风"滤镜。比较两种情况下产生的效果有何不同。

4. 尝试利用通道制作出"线框字"的线框效果。

5. (1) 新建一个文档,在背景层上新建一个图层,然后用矩形选框工具绘制一个矩形选区,给选区填充灰色,连续按键盘上的"↑"和"←"键九次;(2) 新建一个文档,在背景层上新建一个图层,然后用矩形选框工具绘制一个矩形选区,给选区填充灰色,按 Ctrl+D 快捷键取消选区,连续按键盘上的"↑"和"←"键九次。从两个文档的图层控制面板中对比这两种操作的优缺点。

7.2 材质纹理篇

7.2.1 木质纹理

【制作要点】

在本实例中的木质纹理是通过滤镜命令和"色相/饱和度"命令来制作的,共有四块不同颜色的木板,并对木板进行了拼接处理。

【操作步骤】

(1) 启动 Photoshop 8.0,按 Ctrl+N 快捷键打开新建文件对话框,在弹出的对话框中设置其参数,如图 7-64 所示,单击 好 按钮,得到定制的画布。

(2) 设置前景色为#C4881F,按 Alt+Delete 快捷键给画布填充前景色,如图 7-65 所示。

(3) 执行 滤镜(T) 菜单 杂色 滤镜组下的 添加杂色... 滤镜,在弹出的"添加杂色"滤镜对话框中设置其参数,如图 7-66 所示,单击 好 按钮,得到如图 7-67 所示的效果。

(4) 执行 滤镜(T) 菜单 模糊 滤镜组下的 动感模糊 滤镜,在弹出的"动感模糊"滤镜对话框中设置其参数,如图 7-68 所示,单击 好 按钮,得到如图 7-69 所示的效果。

(5) 执行 滤镜(T) 菜单中的 液化(L)... 命令或按 Ctrl+Shift+X 快捷键,打开如图 7-70 所示的"液化"对话框。

第 7 章 案 例 实 战

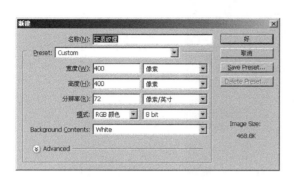

图 7-64 "新建"文件对话框中的参数设置

图 7-65 给画布填充前景色

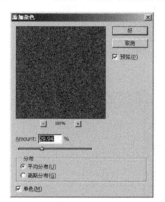

图 7-66 "添加杂色"滤镜中的参数设置

图 7-67 执行"添加杂色"滤镜后的效果

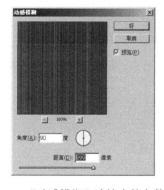

图 7-68 "动感模糊"滤镜中的参数设置

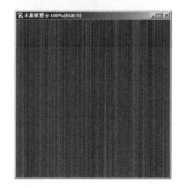

图 7-69 执行"动感模糊"滤镜后的图像效果

（6）选择"液化"对话框工具栏中的 工具，并在工具选项栏下设置其画笔的大小为 100 像素，压力值为 50%，在"液化"对话框中的纹理上拖动，得到如图 7-71 所示的效果，单击 按钮。

（7）选择工具箱中的 工具，在画布上套取如图 7-72 所示的范围。

（8）按 Ctrl+M 快捷键，打开"曲线"调整对话框，调整其曲线状态如图 7-73 所示。单击 按钮，得到如图 7-74 所示的效果，按 Ctrl+D 快捷键取消选区。

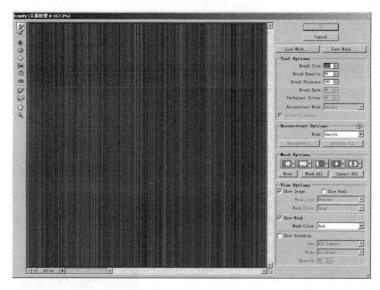

图 7-70 "液化"对话框

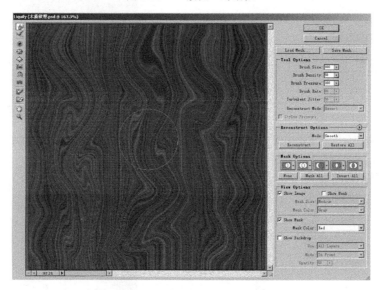

图 7-71 液化处理后的木质纹理效果

图 7-72 用折线套索工具选取的范围

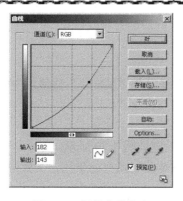

图 7-73　调整曲线状态

图 7-74　曲线调整后的效果

（9）用 工具再次选取如图 7-75 所示的范围，按同样方法处理，其效果如图 7-76 所示，按 Ctrl+D 快捷键取消选区。

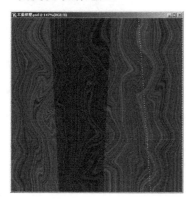

图 7-75　用折线套索工具选取的范围

图 7-76　处理选区内纹理色彩后的效果

（10）设置前景色为#B6945A，选择 工具，并在工具属性栏中选择填充像素按钮，设置线的粗细值为 2 像素，在图中纹理的接缝处画上如图 7-77 所示的直线，作为木板接缝的高亮处。

（11）设置前景色为#261101，选择 工具，并在工具属性栏中选择填充像素按钮，设置线的粗细值为 2 像素，在图中纹理的接缝处画上如图 7-78 所示的直线，作为木板接缝的阴暗处，这样就完成了木质纹理的绘制。

图 7-77　用前景色绘制直线接缝高亮处的效果

图 7-78　给木板接缝处绘上较暗的直线效果

7.2.2 粗亚麻布纹理

【制作要点】

本实例中的粗亚麻布纹理是通过综合运用"图案"滤镜与"风格化"滤镜组中的"扩散"滤镜来产生的。

【操作步骤】

（1）按 Ctrl+N 快捷键新建一个图像文件，其参数设置如图 7-79 所示。

（2）设置前景色为#B7A885，按 Alt+Delete 快捷键给画布填充前景色，其效果如图 7-80 所示。

图 7-79　"新建"文件对话框中的参数设置　　　　图 7-80　给画布填充前景色后的效果

（3）设置前景色仍为# B7A885，背景色为#594C35，执行 滤镜(T) 菜单 素描 滤镜组下的 半调图案... 滤镜，在弹出的"半调图案"对话框中设置其大小为"1"，对比度为"5"，如图 7-81 所示。

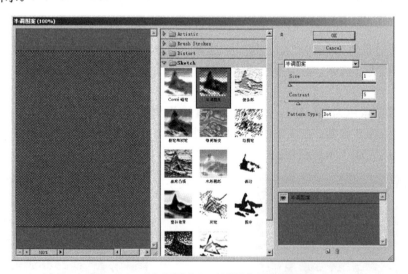

图 7-81　"半调图案"对话框中的参数设置

（4）单击 好 按钮，得到如图 7-82 所示的效果。

（5）执行 滤镜(T) 菜单 风格化 滤镜组下的 扩散... 滤镜，在弹出的"扩散"滤镜对话框中设置其参数，如图 7-83 所示。

第 7 章 案 例 实 战

图 7-82 执行"半调图案"后的效果

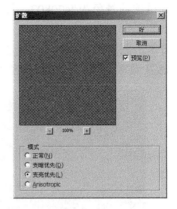

图 7-83 "扩散"滤镜中的参数设置

（6）单击  按钮，得到如图 7-84 所示的"粗亚麻布"布纹。

图 7-84 执行"扩散"滤镜后的粗亚麻布纹理

7.2.3 大理石拼贴材质

【制作要点】

本实例中所制作的大理石拼贴材质是通过手绘纹理与滤镜的组合运用而产生的，当然也可以根据自己的实际需要进行编辑。

【操作步骤】

（1）按 Ctrl+N 快捷键，新建一个图像文件，其参数设置如图 7-85 所示。

图 7-85 "新建"文件对话框中的参数设置

（2）设置前景色为#420802，按 Alt+Delete 快捷键给画布填充前景色，其效果如图 7-86 所示。

（3）单击图层控制面板上的 按钮新建一个图层，设置前景色为黑色，背景色为白色。执行 滤镜(T) 菜单 渲染 滤镜组下的 云彩 滤镜，得到如图 7-87 所示的效果。

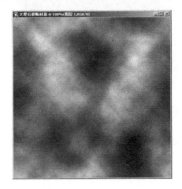

图 7-86　给画布填充前景色后的效果　　　　图 7-87　执行"云彩"滤镜后的效果

（4）执行 滤镜(T) 菜单 渲染 滤镜组下的 分层云彩 滤镜，得到如图 7-88 所示的效果。

（5）执行 选择(S) 菜单下的 色彩范围(C)... 命令，在弹出的"色彩范围"对话框中设置其参数，如图 7-89 所示。

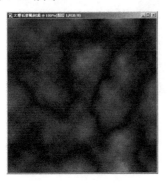
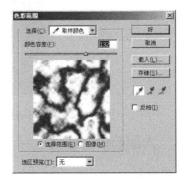

图 7-88　执行"分层云彩"滤镜后的效果　　　　图 7-89　"色彩范围"对话框中的参数设置

（6）在图像中吸取云彩中的白色，单击 好 按钮，得到如图 7-90 所示的选区。

（7）按 Delete 键删除选区内的图像，按 Ctrl+D 快捷键取消选区，得到如图 7-91 所示的效果。

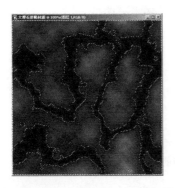

图 7-90　用"色彩范围"创建的选区　　　　图 7-91　删除选区内图像后的效果

第 7 章　案 例 实 战

（8）按 Ctrl+E 快捷键将图层向下合并为一层。设置背景色为# CFCFCF，执行 滤镜(T) 菜单 风格化 滤镜组下的 拼贴... 滤镜，在弹出的"拼贴"滤镜对话框中设置其参数，如图 7-92 所示。

（9）单击 好 按钮，得到如图 7-93 所示的大理石拼贴效果。

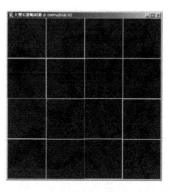

图 7-92　"拼贴"滤镜对话框中的参数设置　　图 7-93　执行"拼贴"滤镜后的大理石效果

7.3　绘画艺术篇

7.3.1　蝴蝶的画法

【制作要点】

本实例的重点是蝴蝶形状的绘制。为了使所绘制的形状便于调整，最好用钢笔工具来绘制蝴蝶的形状。

【操作步骤】

（1）启动 Photoshop 8.0，按 Ctrl+N 快捷键，打开"新建"文件对话框，在弹出的对话框中设置其参数，如图 7-94 所示，单击 好 按钮，得到定制的画布。

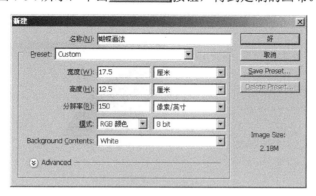

图 7-94　"新建"文件对话框中的参数设置

（2）单击图层控制面板上的 按钮，新建一个图层，选择 工具，在画布上绘制如图 7-95 所示的路径形状。

（3）按 Ctrl+Enter 快捷键将路径转换为选区，设置前景色为# 8F96A2，背景色为# 080414，选择 工具并给选区填充线性渐变，得到如图 7-96 所示的效果。

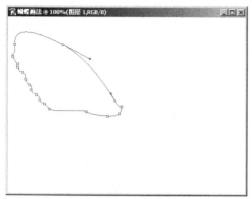

图 7-95　用钢笔工具绘制的形状　　　　　图 7-96　给选区填充线性渐变后的效果

（4）执行 滤镜(T) 菜单 杂色 滤镜组下的 添加杂色... 滤镜。在弹出的对话框中设置"添加杂色"的参数，如图 7-97 所示，单击 好 按钮，得到如图 7-98 所示的效果。

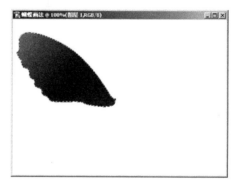

图 7-97　"添加杂色"滤镜中的参数设置　　　图 7-98　执行"添加杂色"滤镜后的效果

（5）执行 滤镜(T) 菜单 模糊 滤镜组下的 径向模糊... 滤镜。在弹出的对话框中设置其参数及模糊中心，如图 7-99 所示。单击 好 按钮，得到如图 7-100 所示的效果。

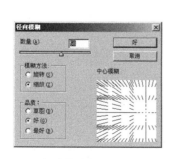

图 7-99　"径向模糊"滤镜中的参数设置　　　图 7-100　执行"径向模糊"滤镜后的效果

（6）按 Ctrl+D 快捷键取消选区，单击图层控制面板上的 按钮，新建一个图层，选择 工具，在画布上绘制如图 7-101 所示的闭合路径形状。

（7）按 Ctrl+Enter 快捷键将路径转换为选区，按 Ctrl+Alt+D 快捷键将其羽化 3 个像素，设置前景色为#D17329，背景色为#883A16，选择 工具并给选区填充线性渐变，得到如图 7-102 所示的效果。

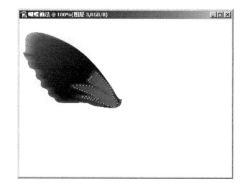

图 7-101　用钢笔工具绘制的闭合路径形状　　　图 7-102　给选区填充线性渐变后的效果

（8）选择钢笔工具，在画布上绘制如图 7-103 所示的闭合路径形状。

（9）按 Ctrl+Enter 快捷键将路径转换为选区，设置前景色为#EBE378，给选区填充前景色，得到如图 7-104 所示的效果。

图 7-103　用钢笔工具绘制的路径形状　　　图 7-104　给选区填充前景色后的效果

（10）设置前景色为#414141，执行 编辑(E) 菜单中的 描边(S)... 命令，在弹出的对话框中设置描边的宽度为 1 像素，按 Ctrl+D 快捷键取消选区，得到如图 7-105 所示的效果。

（11）单击图层控制面板上的 按钮，在背景层之上新建一个图层，选择 工具，并在画布上绘制如图 7-106 所示的路径形状。

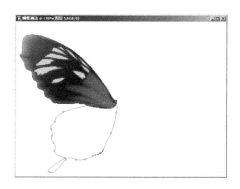

图 7-105　选区描边后的效果　　　图 7-106　用钢笔工具绘制的路径形状

（12）按 Ctrl+Enter 快捷键将路径转换为选区，设置前景色为#8F96A2，背景色为#080414，选择 工具并给选区填充线性渐变，得到如图 7-107 所示的效果。

图 7-107 给选区填充线性渐变后的效果

（13）执行 滤镜(T) 菜单 杂色 滤镜组下的 添加杂色... 滤镜。在弹出的对话框中设置"添加杂色"的参数，如图 7-108 所示，单击 好 按钮，得到如图 7-109 所示的效果。

图 7-108 "添加杂色"滤镜中的参数设置　　　　图 7-109 执行"添加杂色"滤镜后的效果

（14）执行 滤镜(T) 菜单 模糊 滤镜组下的 径向模糊... 滤镜。在弹出的对话框中设置其参数及模糊中心，如图 7-110 所示，单击 好 按钮，得到如图 7-111 所示的效果。

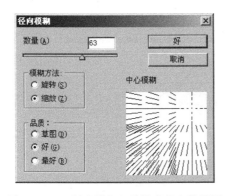 

图 7-110 "径向模糊"滤镜中的参数设置　　　　图 7-111 执行"径向模糊"滤镜后的效果

（15）按 Ctrl+D 快捷键取消选区，单击图层控制面板上的 ■ 按钮，新建一个图层，选择 ◊ 工具并在画布上绘制如图 7-112 所示的闭合路径形状。

（16）按 Ctrl+Enter 快捷键将路径转换为选区，将其羽化 1 个像素，设置前景色为 #D17329，背景色为#883A16，选择 ■ 工具并给选区填充线性渐变，得到如图 7-113 所示的效果。

图 7-112　用钢笔工具绘制的闭合路径形状　　　　图 7-113　给选区填充线性渐变后的效果

（17）按 Ctrl+D 快捷键取消选区，将蝴蝶翅膀的所有部件合并。

（18）按 Ctrl+J 快捷键，将合并后的翅膀层再复制一个副本图层。按 Crl+T 快捷键对所复制的副本层进行水平翻转变换，得到如图 7-114 所示的效果。

（19）单击图层控制面板上的 ■ 按钮新建一个图层，选择 ◊ 工具，并在画布上绘制如图 7-115 所示的闭合路径形状作为蝴蝶的躯体形状。

图 7-114　水平翻转翅膀副本层后的效果　　　　图 7-115　用钢笔工具绘制的蝴蝶躯体形状

（20）按 Ctrl+Enter 快捷键将路径转换为选区。设置前景色为#221804，按 Alt+Delete 快捷键给选区填充前景色，得到如图 7-116 所示的效果。

（21）选择工具箱中的 ◊ 工具，在工具属性栏中选择大小为 9 像素，硬度值为 3，曝光度为 40%的画笔，在选区内加亮图像，效果如图 7-117 所示。

图 7-116　给选区填充前景色后的效果

图 7-117　用减淡工具加亮选区内图像后的效果

（22）按 Ctrl+D 快捷键取消选区，单击图层控制面板上的 按钮新建一个图层，选择 工具，并在画布上绘制如图 7-118 所示的路径形状作为蝴蝶的触角。

（23）设置前景色为 #232221，选择工具箱中的 工具，并在工具属性栏中选择大小为 3 像素的画笔，单击路径面板下方的 按钮进行路径描边操作，隐藏路径得到如图 7-119 所示的效果。

图 7-118　用钢笔工具绘制的路径形状

图 7-119　绘制完成后的蝴蝶效果

7.3.2　半透明冰块的画法

【制作要点】

在很多的案例教程中都提到冰块的制作技法，笔者观察，他们所制作的冰块很多都是实心的，即不透明。其实冰块是一种微透明体，在本案例中，主要运用通道中白色就是选区这一特点来产生冰块那种半透明、晶莹的质感。当然，也可直接在图层中制作而不涉及通道，最后利用图层的叠加模式来实现。

【操作步骤】

（1）按 Ctrl+N 快捷键打开"新建"对话框，在"新建"对话框中设置其参数如图 7-120 所示，单击 好 按钮，得到定制的画布。

第 7 章 案 例 实 战

图 7-120 "新建"文件对话框中的参数设置

（2）设置前景色为#afe4f8，背景色为#121b5c，选择工具箱中的渐变工具，选择选项栏中的线性渐变，在画布上从上至下拖动鼠标，绘制出如图 7-121 所示的渐变效果。

图 7-121 给画布填充渐变后的效果

（3）单击通道控制面板 切换到通道编辑状态。单击通道控制面板中的创建新通道按钮 创建得到 Alpha 1 通道，如图 7-122 所示。选择工具箱中的钢笔工具，确认选项栏中的路径按钮 处于选择状态，在画布中创建如图 7-123 所示的路径。

图 7-122 新建 Alpha1 通道

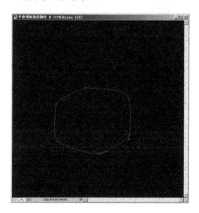

图 7-123 创建的路径形状

（4）按 Ctrl+Enter 快捷键将路径转换为选区，执行 滤镜(T) 菜单 渲染 滤镜组中的 云彩 滤镜，得到如图 7-124 所示的效果。注意，生成云彩的色泽变化最好能比较均匀，不宜对比太强，如果生成的云彩效果不是很理想，可按 Ctrl+F 快捷键重复执行"云彩"滤镜，直到效果合适为止。

（5）选择工具箱中的减淡工具 ，在工具栏中设置画笔大小为 20 像素，减淡涂抹画布中的云彩如图 7-125 所示。在涂抹时，可单击一点后，按住 Shift 键再单击另一点，这样就可以减淡两点间的图像。

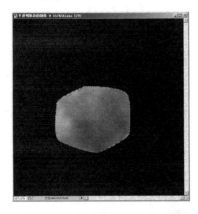 

图 7-124　给选区填充"云彩"滤镜　　　　　图 7-125　用减淡工具处理后的效果

（6）执行 滤镜(T) 菜单 素描 滤镜组中的 铬黄... 滤镜，在弹出的 铬黄渐变 对话框中设置其参数如图 7-126 所示，在对话框左侧的的预览窗口中显示如图 7-127 所示的效果。

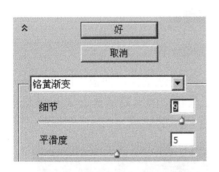 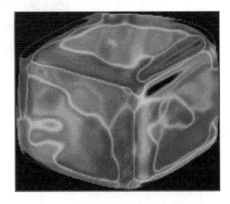

图 7-126　设置"铬黄"滤镜参数　　　　　图 7-127　执行铬黄滤镜后的效果

（7）这时冰块所产生的细节还不够，我们可以再增加一些细节。细节是否增加根据铬黄滤镜产生的即时效果而定，如果产生的效果比较满意就可以不增加。单击对话框右下角的新建效果层按钮 ，再增加一个铬黄渐变效果层，设置其参数如图 7-128 所示，单击 好 按钮得到如图 7-129 所示的效果。

（8）此时得到的冰块颜色对比较灰，可按 Ctrl+L 快捷键打开"色阶"对话框进行色阶调整。调整色阶状态如图 7-130 所示，单击 好 按钮得到如图 7-131 所示的效果。

第 7 章 案例实战   107

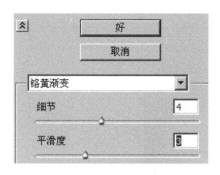

图 7-128 新建铬黄滤镜参数

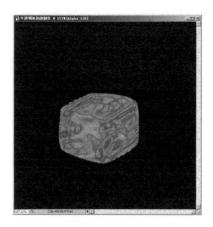

图 7-129 铬黄滤镜后的效果

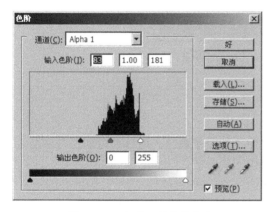

图 7-130 色阶调整参数状态

图 7-131 色阶调整后的冰块效果

（9）按住 Ctrl 键单击通道控制面板中的 Alpha 1 通道，将 Alpha 1 通道中的白色载入为选区。单击图层控制面板中的 图层 切换到图层编辑状态，按 Ctrl+Shift+Alt+N 快捷键新建一层，设置前景色为#f1fbff，按 Alt+Delete 快捷键给选区填充前景色，取消选区得到如图 7-132 所示的效果。

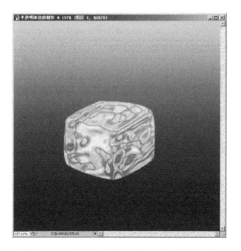

图 7-132 给选区填充前景色后的效果

（10）按住 Ctrl+Alt 快捷键复制冰块并分别调整其大小和位置，即可得到如图 7-133 所示的有很好质感的冰块效果。

图 7-133　复制冰块形成的效果

7.3.3　橙子绘制

【制作要点】

在本例中，通过通道玻璃滤镜来产生凹凸不平的橙子表面，通过通道加深与减淡工具来完成橙子的蒂部，通过渐变与减淡处理来完成橙子的叶子。

【操作步骤】

（1）按 Ctrl+N 快捷键打开"新建"对话框，在"新建"对话框中设置其参数如图 7-134 所示，单击 好 按钮，得到定制的画布。

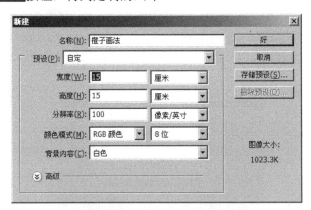

图 7-134　"新建"对话框中的参数设置

（2）按 Ctrl+Shift+Alt+N 快捷键创建新图层并命名为"橙体"。选择工具箱中的椭圆工具 ○，在画布上创建如图 7-135 所示的椭圆。

（3）设置前景色为#ffe3bc，背景色为#f99411，选择工具箱中的渐变工具 ■，在选项栏中选择径向渐变工具 ■，在选区中拖动鼠标给选区填充如图 7-136 所示的效果。

第 7 章 案例实战

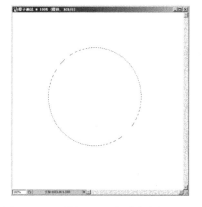

图 7-135 用椭圆工具创建的椭圆选区

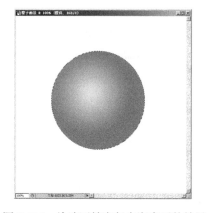

图 7-136 给选区填充径向渐变后的效果

（4）执行 滤镜(T) 菜单 扭曲 滤镜组中的 玻璃… 滤镜，在弹出的"玻璃"滤镜对话框中设置其参数如图 7-137 所示。单击 好 按钮，得到如图 7-138 所示的效果。

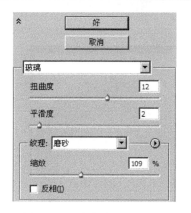

图 7-137 玻璃滤镜参数设置

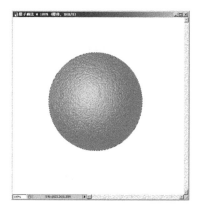

图 7-138 玻璃滤镜后的效果

（5）单击图层控制面板上的创建新图层按钮 创建一个新图层，并将其命名为"橙蒂"。选择工具箱中的自由套索工具 ，在画布中创建如图 7-139 所示的效果。设置前景色为 #747322，按 Alt+Delete 快捷键给选区填充前景色，得到如图 7-140 所示的效果。

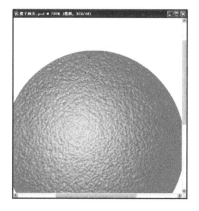

图 7-139 用自由套索工具创建的选区

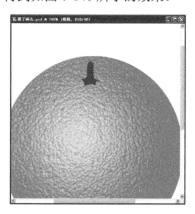

图 7-140 给选区填充前景色

（6）选择工具箱中的加深工具，加深选区内的图像如图 7-141 所示。选择工具箱中的减淡工具，减淡选区内的图像如图 7-142 所示。

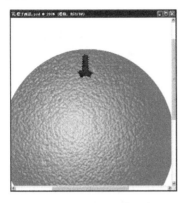
图 7-141　加深选区内的图像

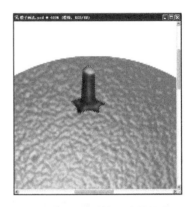
图 7-142　减淡选区内的图像

（7）选择"橙体"层，选择工具箱中的加深工具，加深图像如图 7-143 所示。选择工具箱中的减淡工具，减淡图像如图 7-144 所示。

图 7-143　加深橙蒂处后的效果

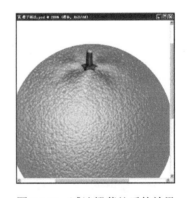
图 7-144　减淡橙蒂处后的效果

（8）单击图层控制面板上的创建新图层按钮创建一个新图层，并将其命名为"橙叶"。选择工具箱中的钢笔工具，在画布上绘制出如图 7-145 所示的形状。按 Ctrl+Enter 快捷键将路径转换为选区，设置前景色为#B5D534，背景色为#1F984A，按 Alt+Delete 快捷键给选区填充前景色，其效果如图 7-146 所示。

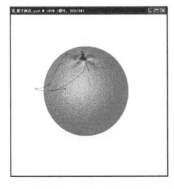
图 7-145　用钢笔工具创建的路径轮廓形状

图 7-146　给选区填充前景色后的效果

（9）选择工具箱中的钢笔工具 ，绘制如图 7-147 所示的形状。按 Ctrl+Enter 快捷键将路径转换为选区。单击图层控制面板上的锁定透明像素按钮 ，选择工具箱中的渐变工具 ，在工具栏中选择线性渐变按钮 ，给选区填充如图 7-148 所示的渐变效果。如果所填充的渐变效果不理想，可多填充几次，具到效果满意为止。

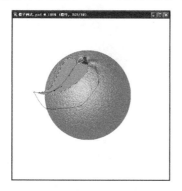

图 7-147　用钢笔工具创建的路径轮廓　　　　　　图 7-148　给选区填充渐变后的效果

（10）按 Ctrl+Shift+I 快捷键对选区进行反向选择，选择工具箱中的渐变工具 ，给选区填充线性渐变，效果如图 7-149 所示。取消选区，选择工具箱中的钢笔工具 ，绘制如图 7-150 所示的形状作为橙叶的叶脉，按 Ctrl+Enter 快捷键将路径转换为选区。

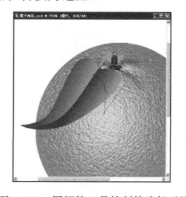

图 7-149　反向选择后给选区填充线性渐变效果　　　图 7-150　用钢笔工具绘制的路径形状

（11）选择工具箱中的减淡工具 ，减淡选区内的图像如图 7-151 所示。取消选区，选择工具箱中的钢笔工具 ，绘制如图 7-152 所示的形状，按 Ctrl+Enter 快捷键将路径转换为选区。

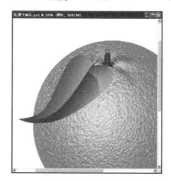
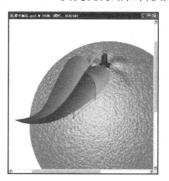

图 7-151　减淡选区内的图像效果　　　　　　　图 7-152　创建叶脉路径形状

（12）选择工具箱中的减淡工具 ，减淡选区内的图像如图 7-153 所示。用同样方法绘制出橙叶效果，如图 7-154 所示。

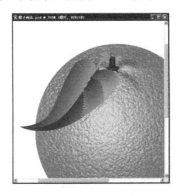
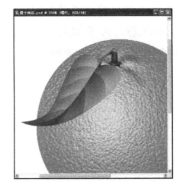

图 7-153　减淡选区内的图像后的效果　　　图 7-154　用钢笔工具绘制出叶脉并减淡处理橙叶

（13）选择工具箱中的涂抹工具 ，设置适当大小的画笔，轻涂橙叶与橙蒂的交界处，让其自然接合，其效果如图 7-155 所示。按 Ctrl+E 快捷键将"橙体"层、"橙蒂"层、"橙叶"层合并，按住 Ctrl+Alt 快捷键拖动鼠标将橙子再复制一个副本，调整复制的副本层大小、方向及位置，如图 7-156 所示，至此，橙子绘制完毕。

图 7-155　处理完成的"橙叶"效果　　　　图 7-156　复制并调整橙子副本层后的效果

7.4　特效制作

7.4.1　极光效果制作

【制作要点】

这种极光主要是通过波浪滤镜、消褪和画笔工具来实现。在制作时，可多做几次波浪滤镜，体验不同次数滤镜的叠加所产生的效果。

【操作步骤】

（1）启动 Photoshop 8.0，按住 Ctrl 键在窗口空白区域双击鼠标左键，在弹出的"新建"对话框中设置其参数如图 7-157 所示，单击 好 按钮，得到新建的图像文件。

第 7 章 案 例 实 战   113

图 7-157 "新建"对话框中的参数设置

（2）按 D 键将前景色置为黑色，背景色置为白色，按 Alt+Delete 快捷键给画布填充前景色。按 Ctrl+Shift+Alt+N 快捷键新建一层，选择工具箱中的画笔工具 ，在画布上单击鼠标右键，在弹出的对话框中设置画笔的大小为 20 像素，按住 Shift 键在画布上创建如图 7-158 所示的直线。

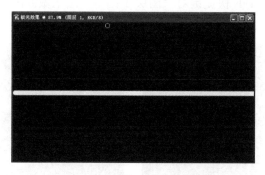

图 7-158 用画笔工具创建的直线

（3）执行 图像(I) 菜单 旋转画布(E) 命令组中的 90 度(顺时针)(9) 命令，将画布顺时针旋转 90°，其状态如图 7-159 所示。执行 滤镜(T) 菜单 扭曲 滤镜下的 切变... 滤镜，在弹出的 切变... 滤镜对话框中编辑切变线的状态，如图 7-160 所示。

图 7-159 旋转画布后的图像状态

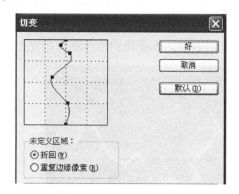

图 7-160 调整切变滤镜参数

（4）单击 好 按钮得到如图 7-161 所示的效果。执行 图像(I) 菜单 旋转画布(E) 命令组中的 90 度(逆时针)(0) 命令，将画布逆时针旋转 90°，其图像状态如图 7-162 所示。

 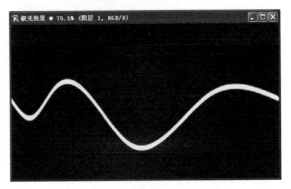

图 7-161 切变滤镜处理后的直线状态　　　　图 7-162 逆时针旋转画布后的效果

（5）执行 滤镜(T) 菜单 扭曲 滤镜下的 波浪... 滤镜，在弹出的 波浪... 滤镜对话框中单击两次 随机化(Z) 按钮，单击 好 按钮得到如图 7-163 所示的效果。按 Ctrl+J 快捷键复制出"图层 1 副本"层，按 Ctrl+F 快捷键对"图层 1 副本"层重做波浪滤镜，得到如图 7-164 所示的效果。

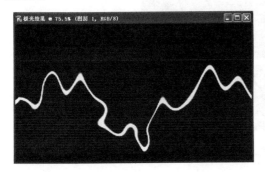 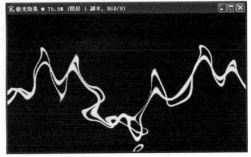

图 7-163 添加波浪滤镜后的直线效果　　　　图 7-164 对副本层重做波浪滤镜后的效果

（6）按 Ctrl+Shift+F 快捷键执行消褪命令，在"消褪"对话框中设置其不透明度值为 58%，单击 好 按钮得到如图 7-165 所示的效果。按 Ctrl+J 快捷键复制出"图层 1 副本 2"层，按 Ctrl+F 快捷键对"图层 1 副本 2"层重做波浪滤镜，得到如图 7-166 所示的效果。现在图像已有了极光的效果。下面我们继续进行极光的装饰。

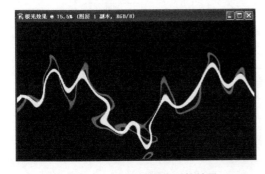 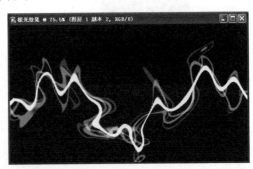

图 7-165 设置消褪值后的效果　　　　图 7-166 对"图层 1 副本 2"层进行波浪滤镜处理

第 7 章 案例实战　　　115

（7）按 Ctrl+Shift+Alt+N 快捷键新建一层，选择工具箱中的 ✎ 工具，在画布上为极光添加上一些星光和圆点，其效果如图 7-167 所示。按 Ctrl+Shift+Alt+N 快捷键新建一层，选择工具箱中的渐变工具 ■，在工具栏中选择"透明彩虹渐变"，单击径向渐变按钮 ■，给画布填充透明彩虹渐变。在图层控制面板中设置填充层的叠加模式为 叠加，不透明度值为 70%，得到如图 7-168 所示的极光效果。

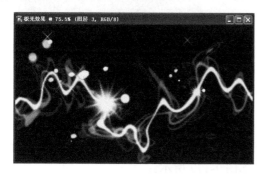 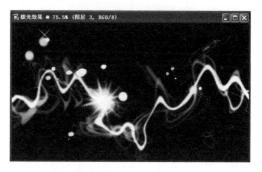

图 7-167　用画笔添加星光与圆点效果　　　　　图 7-168　得到最终的极光效果

7.4.2　烟雾飘散的香烟

【制作要点】

在实际工作中，对于初学者来讲要实现烟雾弥漫或飘散的效果还是有一些难度的，不过只要掌握了液化、通道这些知识点，相信制作起来就会轻松很多。下面我们练习一种制烟雾的便捷方法。

【操作步骤】

（1）按 Ctrl+O 快捷键打开随书光盘中如图 7-169 所示的"烟缸"图像。

图 7-169　"烟缸"图像文件

（2）现在我们来制作一支已被点燃的香烟。单击图层控制面板中的新建图层按钮 ■ 创建"图层 1"。选择工具箱中的矩形选框工具 ■，在画布上创建如图 7-170 所示的矩形选区，注意，这个矩形不宜画得太长太宽，要和烟真实的比例一致，否则画出来会很难看。

（3）设置前景色为#ffffff，背景色为#d9c7d0，选择工具箱中的渐变工具 ■，在工具栏中选择对称均匀渐变按钮 ■，将鼠标光标放在选区的中央，然后按住 Shift 键从上至下拖动鼠标光标到选区的边缘，松开鼠标得到如图 7-171 所示的渐变填充效果。

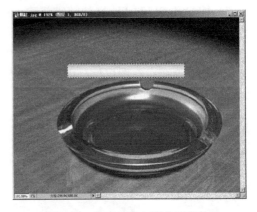

图 7-170　创建的矩形选区　　　　　　图 7-171　给选区填充渐变后的效果

（4）执行 选择(S) 菜单下的 变换选区(T) 命令,将鼠标光标放在变换选区控制框的左边,当鼠标光标呈 显示时,向右拖动变换选区控制框,如图 7-172 所示。

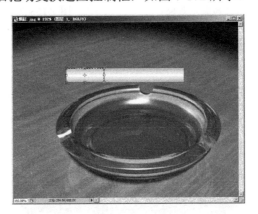

图 7-172　变换选区状态

（5）按 Enter 键确定选区变换,设置前景色为#caa2af,背景色为#5b0612,用第（3）步渐变填充的方法给选区填充对称均匀渐变,其效果如图 7-173 所示,注意烟的亮部与烟滤嘴的亮部位置要保持一致。

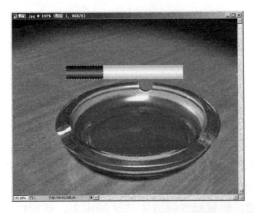

图 7-173　给烟滤嘴选区填充对称均匀渐变后的效果

第 7 章 案例实战   117

（6）执行 选择(S) 菜单下的 变换选区(T) 命令，将鼠标光标放在变换选区控制框的右边，当鼠标光标呈 ↔ 显示时，向左拖动变换选区控制框，如图 7-174 所示。按 Enter 键确定选区变换，按住 Ctrl+Shift+Alt 快捷键向左拖动鼠标，复制选区内的图像，如图 7-175 所示。

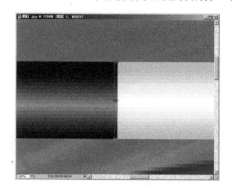

图 7-174　变换选区状态

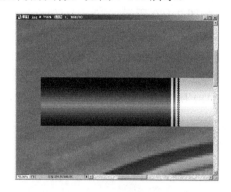

图 7-175　复制选区内的图像

（7）按 Ctrl+D 快捷键取消选区，选择工具箱中的自由套索工具 ⌇，在画布上创建如图 7-176 所示的选区，设置前景色为 # 534c4e，按 Alt+Delete 快捷键给选区填充前景色，其效果如图 7-177 所示。

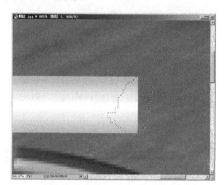

图 7-176　自由套索工具创建的选区

图 7-177　给选区填充前景色后的效果

（8）执行 滤镜(T) 菜单 杂色 滤镜组下的 添加杂色... 命令，在弹出的"添加杂色"滤镜对话框中设置其参数如图 7-178 所示。单击 好 按钮得到如图 7-179 所示的效果。

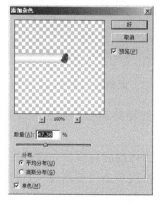

图 7-178　添加杂色滤镜参数

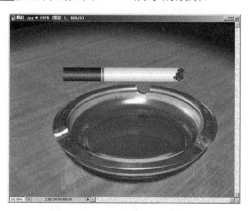

图 7-179　添加杂色滤镜后的图像效果

（9）单击通道控制面板 通道 切换到通道编辑状态，单击通道控制面板中的将选区存储为通道按钮 ，将选区存储为 Alpha 1 通道。执行 选择(S) 菜单 修改(M) 下的 扩展(E)... 命令，在弹出的"选区扩展"对话框中，设置扩展量为 6 像素，单击 好 按钮，得到扩展后的选区状态如图 7-180 所示。

（10）为了让烟最左边被烤焦的部分更自然，我们需要对选区进行羽化处理。按 Ctrl+Alt+D 快捷键打开"羽化选区"对话框，设置羽化值为 3 像素后单击 好 按钮。按住 Ctrl+Alt 快捷键不放，单击通道控制面板中的 Alpha 1 通道，得到扩展选区与 Alpha 1 通道选区相减的效果，如图 7-181 所示。

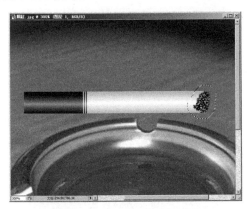
图 7-180　选区扩展后的状态

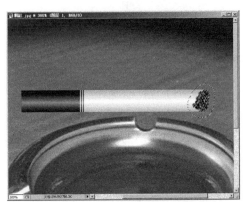
图 7-181　选区之间相减后的状态

（11）按 Ctrl+U 快捷键打开"色相/饱和度"对话框，设置其参数状态如图 7-182 所示，单击 好 按钮得到如图 7-183 所示的效果，按 Ctrl+D 快捷键取消选区，此时烟制作完成。接下来我们制作烟雾飘散效果。

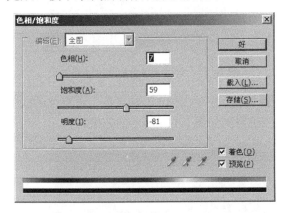
图 7-182　"色相/饱和度"对话框中的参数设置

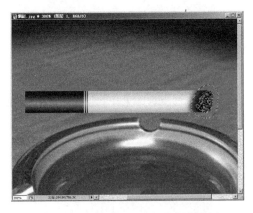
图 7-183　调整色相/饱和度后的效果

（12）按 Ctrl+T 快捷键对图层 1 中的烟进行自由变换，旋转并调整其位置到如图 7-184 所示的位置，按 Enter 键确定自由变换。

（13）在图层控制面板中单击"图层 1"上的 图标，关闭该层的可视性。选择工具箱中的折线套索工具 ，在画布上创建如图 7-185 所示的选区。再次单击"图层 1"上的 图标开启该层的可视性，按 Delete 键删除选区内的图像，取消选区得到如图 7-186 所示的效果。

第 7 章 案例实战　　119

图 7-184　自由变换烟的位置及状态

图 7-185　用折线套索工具创建的选区　　　　图 7-186　删除选区内的图像状态

（14）单击通道控制面板 通道 切换到通道编辑状态。单击通道控制面板中的创建新通道按钮 建立一个新通道 Alpha 1 。选择工具箱中的画笔工具，设置不同大小的画笔，在画布上绘制出如图 7-187 所示的形状。执行 滤镜(T) 菜单中的 液化(L)... 命令，在弹出的"液化"滤镜对话框中选择 工具，涂抹白色图像区域使其与图 7-188 相似，单击 好 按钮。

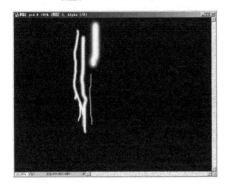　　　　

图 7-187　绘制的线条效果　　　　图 7-188　液化滤镜涂抹后的效果

（15）将 Alpha 1 通道拖到创建新通道按钮 上复制出 Alpha 1 副本 通道。再次使用 液化(L)... 命令，将 Alpha 1 副本 通道涂抹为如图 7-189 所示的效果。按住 Ctrl 键单击 Alpha 1 通道，载入 Alpha 1 通道选区。单击图层控制面板 图层 切换到图层编辑状态，按 Ctrl+Shift+Alt+N 快捷键创建新图层，确认前景色为白色，按 Alt+Delete 快捷键给选区填充前景色，取消选区，调整该图像的不透明度值为 70%，并放置到合适的位置如图 7-190 所示。

图 7-189　液化滤镜处理 Alpha1 副本通道　　　　图 7-190　给选区填充前景色

（16）按 Ctrl+Shift+Alt+N 快捷键创建新图层，用同样的方法载入 选区并填充前景色，改变其不透明度值为 48%，调整该层的图像大小及位置如图 7-191 所示，得到烟雾飘散效果。

图 7-191　烟雾飘散效果制作完成

7.4.3　神奇的条码效果制作

【制作要点】

在实际工作中，为了更真实的展示所设计产品的效果，往往会给产品添加上条码，在本例中我们将学习如何用 Photoshop 8.0 进行条码效果的绘制。本例主要运用了给单行选框内添加杂色滤镜，并对选区内像素进行自由变换处理，来得到条码效果。

【操作步骤】

（1）启动 Photoshop 8.0，按 Ctrl+N 快捷键打开"新建"对话框，在弹出的"新建"对话框中设置其参数，如图 7-192 所示，单击　好　按钮，得到定制的图像文件。

（2）选择工具箱中的单行选框工具，在画布上创建一个单行选区，如图 7-193 所示。选择工具箱中的矩形选框工具，按住 Alt 键框选单行选区的两侧，将两侧的选区减掉，其状态如图 7-194 所示。

第 7 章　案　例　实　战

图 7-192　条码制作图像文件的新建参数

图 7-193　创建的单行选取状态

图 7-194　减掉单行选区两侧

（3）执行 滤镜(T) 菜单 杂色 滤镜下的 添加杂色... 命令，在"添加杂色"滤镜对话框中设置其参数如图 7-195 所示。单击 好 按钮得到如图 7-196 所示的效果。

图 7-195　添加杂色滤镜参数设置

图 7-196　添加杂色滤镜后的效果

（4）按 Ctrl+T 快捷键对选区内的图像进行自由变换，向下拖动自由变换控制框的下边缘得到如图 7-197 所示的效果，按 Enter 键确定选区内图像的自由变换，按 Ctrl+D 快捷键取消选区。这时我们发现在变换后的图像中有灰色的线，所以我们要进行色阶调整。

（5）按 Ctrl+L 快捷键打开"色阶"对话框，将最左边的黑色滑块向右拖动到如图 7-198 所示的位置，单击 好 按钮得到如图 7-199 所示的效果。

图 7-197 对选区内的图像进行自由变换

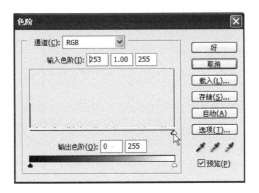

图 7-198 调整色阶状态

图 7-199 色阶调整后的效果

（6）选择工具箱中的矩形选框工具，在画布上框选如图 7-200 所示的区域，给选区填充 # FFFFFF 色。选择工具箱中的横排文字工具，在画布上单击并输入如图 7-201 所示的文字，按 Ctrl+E 快捷键将文字与背景层合并。

图 7-200 用矩形选框工具创建的矩形

图 7-201 输入文字后的效果

（7）选择工具箱中的矩形选框工具，在画布上框选如图 7-202 所示的区域，按 Ctrl+J 快捷键将选区内的图像复制一层。为该层添加一个投影样式，参数默认，得到制作完成的条码效果，如图 7-203 所示。

第 7 章 案例实战   123

图 7-202　用矩形选框工具创建的矩形

图 7-203　添加投影样式后的条码效果

7.5　商业广告篇

7.5.1　动态霓虹灯广告

【制作要点】

本实例将使用 Photoshop 8.0 附带的 ImageReady 软件来制作一个动态的霓虹灯广告效果，这种动画实际上是利用各个图层的是否显示来制作动态的效果。在制作中，希望读者对将要制作的霓虹灯运动效果有一个清晰的思路，这样制作起来才会将要表达的效果表现出来，提高工作效率。

【操作步骤】

（1）启动 Photoshop 8.0，按 Ctrl+N 快捷键打开"新建"对话框，在弹出的"新建"对话框中设置其参数，如图 7-204 所示，单击 好 按钮，得到定制的图像文件。

图 7-204　新建图像参数设置

（2）将前景色设置为#000000，按 Alt+Delete 快捷键给画布填充前景色。单击图层控制面板上的创建新图层按钮 创建一个新图层，并将其命名为"霓虹灯边框"。选择工具箱中的矩形选框工具 ，在画布上创建如图 7-205 所示的矩形选框。

图 7-205 用矩形选框工具创建的矩形选区

（3）设置前景色为#F02525，执行 编辑(E) 菜单下的 描边(S)... 命令，在弹出的"描边"对话框中设置其参数如图 7-206 所示，单击 好 按钮，得到如图 7-207 所示的描边效果。按 Ctrl+D 快捷键取消选区。按 Ctrl+J 快捷键将描边后的"霓虹灯边框"层复制一个副本。设置前景色为#16A0E0，按 Alt+Shift+Delete 快捷键给"霓虹灯边框 副本"层的不透明区域填充上前景色。

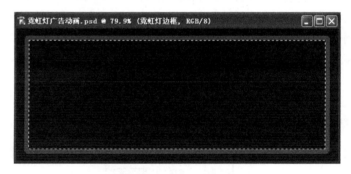

图 7-206 设置描边参数　　　　　　　　图 7-207 描边后的图像效果

（4）选择工具箱中的橡皮擦工具，在画布上单击鼠标右键，在弹出的"画笔选项列表"对话框中选择一支矩形画笔（若画笔选项列表中没有矩形画笔，可以单击对话框右上角的 图标，在弹出的菜单中选择 矩形画笔 选项，这时会弹出如图 7-208 所示的对话框，单击 追加(A) 按钮可将所选择的画笔追加到画笔列表中）。

图 7-208 弹出的对话框

（5）在画笔选项列表中选择一支大小为 20 像素的矩形画笔，单击画笔选项栏中的切换画笔调板按钮，在弹出的"调板"对话框中设置该画笔的参数如图 7-209 所示。在画布上将"霓虹灯边框 副本"层图像擦成如图 7-210 所示的效果。

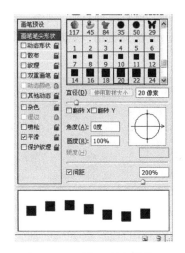

图 7-209 画笔调整参数设置

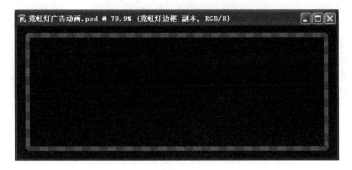

图 7-210 "霓虹灯边框 副本"层擦除后的效果

（6）在图层控制面板中选择"霓虹灯边框"层，用同样的方法将"霓虹灯边框"层擦成如图 7-211 所示的效果。

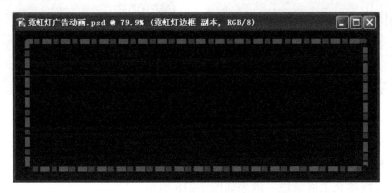

图 7-211 "霓虹灯边框"层擦除后的效果

（7）将前景色设置为#71FB3B，单击图层控制面板上的创建新图层按钮创建一个新图层，并将其命名为"霓虹灯内灯管"。选择工具箱中的直线工具，确认选项栏中的填充像素按钮处于选择状态，按住 Shift 键在画布上创建如图 7-212 所示的直线。

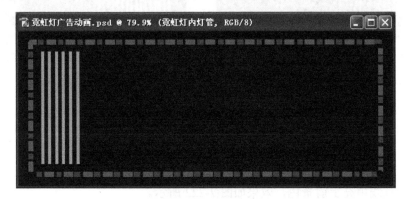

图 7-212 创建的直线

（8）按住 Ctrl+Alt+Shift 快捷键，然后向右拖动鼠标，复制出"霓虹灯内灯管 副本"层，效果如图 7-213 所示。设置前景色为# FFFC12，按 Alt+Shift+Delete 快捷键给"霓虹灯内灯管 副本"层上的直线填充前景色，效果如图 7-214 所示。

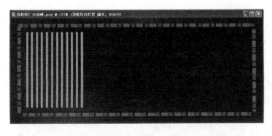 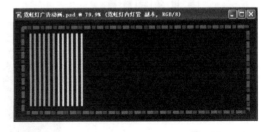

图 7-213　"霓虹灯内灯管 副本"层　　　　　图 7-214　填充后的"霓虹灯内灯管 副本"层

（9）按住 Ctrl+Alt+Shift 快捷键向右拖动鼠标，复制出"霓虹灯内灯管 副本 2"层，效果如图 7-215 所示。设置前景色为# FF3912，按 Alt+Shift+Delete 快捷键给"霓虹灯内灯管 副本 2"层上的直线填充上前景色，效果如图 7-216 所示。

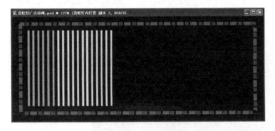 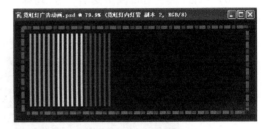

图 7-215　"霓虹灯内灯管 副本 2"层　　　　图 7-216　填充后的"霓虹灯内灯管 副本 2"层

（10）按住 Ctrl+Alt+Shift 快捷键向右拖动鼠标，复制出"霓虹灯内灯管 副本 3"层，效果如图 7-217 所示。设置前景色为# FC12FF，按 Alt+Shift+Delete 快捷键给"霓虹灯内灯管 副本 3"层上的直线填充上前景色，效果如图 7-218 所示。

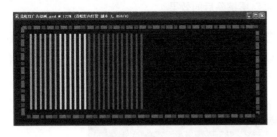 

图 7-217　"霓虹灯内灯管 副本 3"层　　　　图 7-218　填充后的"霓虹灯内灯管 副本 3"层

（11）按住 Ctrl+Alt+Shift 快捷键向右拖动鼠标，复制出"霓虹灯内灯管 副本 4"层，效果如图 7-219 所示。设置前景色为# FC12FF，按 Alt+Shift+Delete 快捷键给"霓虹灯内灯管 副本 4"层上的直线填充上前景色，效果如图 7-220 所示。

（12）按住 Ctrl+Alt+Shift 快捷键向右拖动鼠标，复制出"霓虹灯内灯管 副本 5"层，效果如图 7-221 所示。设置前景色为#2BF3FF，按 Alt+Shift+Delete 快捷键给"霓虹灯内灯管 副本 5"层上的直线填充上前景色，效果如图 7-222 所示。

第 7 章 案例实战

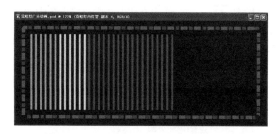

图 7-219　"霓虹灯内灯管 副本 4"层

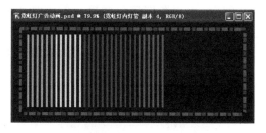

图 7-220　填充后的"霓虹灯内灯管 副本 4"层

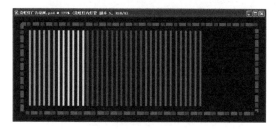

图 7-221　"霓虹灯内灯管 副本 5"层

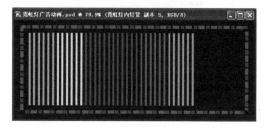

图 7-222　填充后的"霓虹灯内灯管 副本 5"层

（13）将"霓虹灯内灯管"及副本层添加上链接符，状态如图 7-223 所示。按 Ctrl+T 快捷键对添加链接后的图像进行自由变换，调整其大小如图 7-224 所示，按 Enter 键确定。

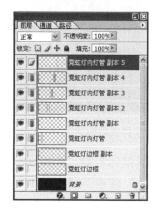

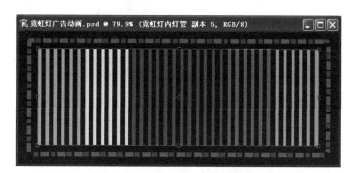

图 7-223　添加链接符后的状态　　　　　图 7-224　调整链接图层的效果

（14）设置前景色为# FC2A3E，选择工具箱中的横排文字工具 T，在画布上单击并输入文字"北京奥运会中国大舞台"，调整文字的大小及位置如图 7-225 所示。

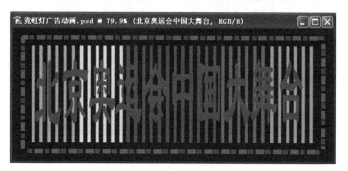

图 7-225　输入文字后的状态

（15）单击图层控制面板上的添加图层样式按钮，在弹出的图层样式列表中选择 斜面和浮雕 样式，设置其斜面和浮雕样式参数如图 7-226 所示。勾选图层样式对话框中的 描边 样式，设置其描边参数如图 7-227 所示，其中描边颜色为#FFFFF4。

图 7-226　斜面和浮雕样式的参数设置　　　　图 7-227　描边样式参数设置

（16）勾选图层样式对话框中的 外发光 样式，设置其外发光参数如图 7-228 所示，其中外发光颜色为#8DFF1D。单击 好 按钮，得到如图 7-229 所示的效果。

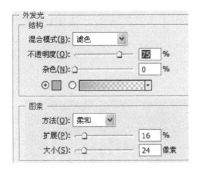 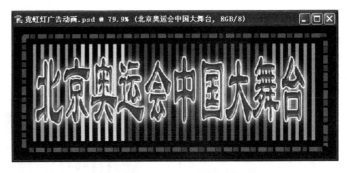

图 7-228　外发光样式的参数设置　　　　图 7-229　添加文字样式后的效果

（17）在图层控制面板中添加图层样式后的"文字层"上单击鼠标右键，选择弹出菜单中的 拷贝图层样式 命令，然后分别在"霓虹灯边框"、"霓虹灯内灯管 副本"层上单击鼠标右键，选择 粘贴图层样式 命令，将复制的图层样式粘贴给所选择的层，添加样式后的图像效果如图 7-230 所示。

图 7-230　给所有霓虹灯层添加设置的样式

（18）下面进行动画制作。在图层控制面板中单击部分图层左边的 图层，关闭部分图层的可视性，保留图像效果如图 7-231 所示。

图 7-231　保留的图像效果

（19）单击工具箱中的 按钮进入 ImageReady 编辑状态，将不需要的浮动控制面板关闭，执行 菜单中的 命令，打开动画工具面板，此时窗口状态如图 7-232 所示。

图 7-232　ImageReady 窗口编辑状态

（20）单击动画控制面板上的复制当前帧按钮 ，复制一个帧，其动画控制面板的状态如图 7-233 所示。

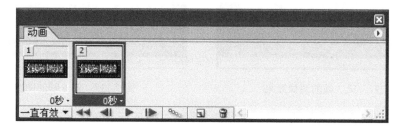

图 7-233　动画控制面板的状态

（21）单击动画控制面板下方的 ![]按钮，复制帧。在弹出的对话框中设置其参数如图 7-234 所示。单击 好 按钮，在动画控制面板上的帧的显示状态如图 7-235 所示。

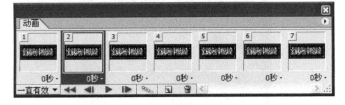

图 7-234　对话框中的参数设置　　　　图 7-235　复制过渡帧后的动画控制面板的状态

（22）选择动画控制面板中的第 2 帧，在图层控制面板中开启"霓虹灯边框"、"霓虹灯内灯管"层的可视性，此时图像效果如图 7-236 所示。

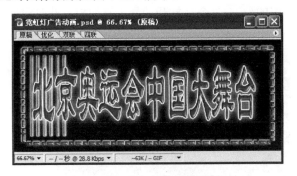

图 7-236　第 2 帧的图像效果

（23）选择动画控制面板中的第 3 帧，在图层控制面板中开启"霓虹灯内灯管"、"霓虹灯内灯管 副本"层的可视性，此时图像效果如图 7-237 所示。选择动画控制面板中的第 4 帧，在图层控制面板中开启"霓虹灯边框"、"霓虹灯内灯管"、"霓虹灯内灯管 副本"和"霓虹灯内灯管 副本 2"层的可视性，此时图像效果如图 7-238 所示。

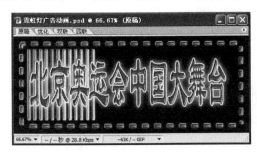
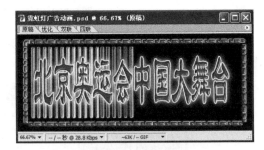

图 7-237　第 3 帧的图像效果　　　　图 7-238　第 4 帧的图像效果

（24）用同样的方法处理第 7 帧，其状态如图 7-239 所示。单击动画控制面板上的 ![] 按钮，就可以看到霓虹灯闪动的动画了。当然，根据开启或关闭不同图层的可视性还可以得到更精彩的霓虹灯动态效果，请读者在此基础上发挥自己的想像力，制作出更生动的动画。

图 7-239　第 7 帧的图像效果

7.5.2　图像的淡入淡出效果

【制作要点】

本实例制作从一幅图像过渡到另一幅图像的淡入淡出效果，这主要是运用各图层中不同的不透明值来制作的。

【操作步骤】

（1）启动 Photoshop 8.0，在随书光盘中打开本实例所提供的如图 7-240、图 7-241 所示的两幅图片。

图 7-240　金鱼图片一

图 7-241　金鱼图片二

（2）将金鱼图片一拖到金鱼图片二中，其图层控制面板的状态如图 7-242 所示。

（3）按 Ctrl+J 快捷键将"图层 1"图层复制九个副本图层，其图层控制面板状态如图 7-243 所示。

（4）在图层控制面板中选择"图层 1 副本 9"图层，将该图层的不透明度值改为 90%，其图层控制面板状态如图 7-244 所示。

（5）在图层控制面板中选择"图层 1 副本 8"图层，将该图层的不透明度值改为 80%。其图层控制面板状态如图 7-245 所示。

（6）用同样的方法处理其他的图层副本，处理"图层 1 副本"图层的效果如图 7-246 所示。

（7）在图层控制面板中选择背景层，并双击该图层使其成为"图层 0"图层，如图 7-247 所示。

图 7-242　图层控制面板状态

图 7-243　图层控制面板状态

图 7-244　改变图层的不透明度值

图 7-245　改变"图层 1 副本 8"的不透明度值

图 7-246　处理"图层 1 副本层"图层的不透明度值

第 7 章 案 例 实 战　　　　　　　　　　　　　　　　　　　　133

图 7-247　改变背景图层为"图层 0"图层

（8）按 Ctrl+J 快捷键将"图层 0"图层复制九个副本图层，并用处理"图层 1 副本"图层的方法处理"图层 0 副本"图层，其图层控制面板状态如图 7-248 所示。

（9）单击图层控制面板下方的 按钮，在"图层 0"图层之下新建一个图层，并给该层填充黑色，其图层状态如图 7-249 所示。

图 7-248　处理"图层 0 副本"中的图层控制面板的状态　　　图 7-249　新建图层并填充颜色后的状态

（10）在图层控制面板中关闭除"图层 2"图层外的其他图层，单击工具箱中的 按钮进入 ImageReady 中进行动画制作，其窗口状态如图 7-250 所示。

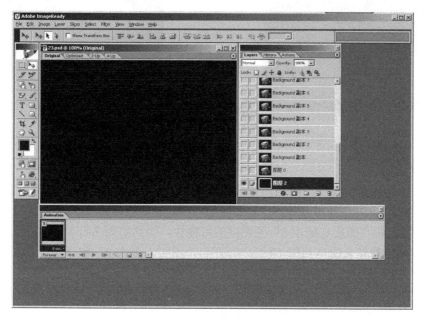

图 7-250　ImageReady 窗口

（11）单击动画控制面板上的按钮 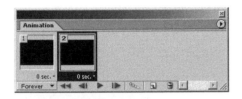，新建一个帧，其动画控制面板状态如图 7-251 所示。

（12）单击动画控制面板下方的 按钮，复制帧，在弹出的对话框中设置其参数，如图 7-252 所示。

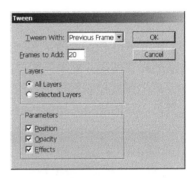

图 7-251　新建帧后的效果　　　　　　　图 7-252　帧复制对话框

（13）在动画控制面板中选择第 2 帧，在图层控制面板中开启"图层 0 副本"图层的可视性。在动画控制面板中选择第 3 帧，在图层控制面板中开启"图层 0 副本 2"图层的可视性，其画面效果如图 7-253 所示。

（14）用同样的方法处理其余帧直到第 10 帧，即开启"图层 0 副本 9"的可视性，其画布效果如图 7-254 所示。

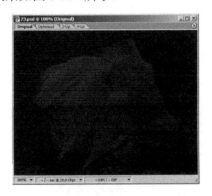 

图 7-253　在第 3 帧开启"图层 0 副本 2"　　　图 7-254　在第 10 帧开启"图层 0 副本 9"
　　　　图层可视性后的效果　　　　　　　　　　　　　图层可视性后的效果

（15）接下来将制作图像的淡出效果。在动画控制面板中选择第 11 帧，开启图层面板中的"图层 1 副本"和"图层 0 副本 9"两图层的可视性。用同样的方法处理第 12 帧，即开启"图层 1 副本 2"和"图层 0 副本 8"两图层的可视性，得到如图 7-255 所示的效果。

（16）继续处理其余帧直到第 19 帧，即开启"图层 1 副本 9"和"图层 0 副本"两图层的可视性，得到如图 7-256 所示的效果。

（17）在动画控制面板中删除多余的帧，单击动画控制面板中的 按钮即可播放图像淡入淡出的动画了。如图 7-257 所示的是动画控制面板的显示状态。

（18）单击"文件"菜单下的 Save Optimized　Ctrl+Alt+S 命令就可以输出 JIF 格式的动画文件了。

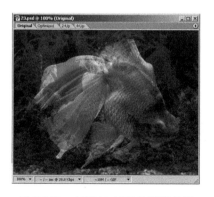

图 7-255　在第 12 帧处的图像效果

图 7-256　在第 19 帧处的图像效果

图 7-257　动画控制面板显示状态

7.6　商业广告篇

7.6.1　水果招贴广告设计

【制作要点】

本实例将运用材质图片来制作一张"水果招贴广告"。该实例中运用了图像的分割及图像的处理技术。

【操作步骤】

（1）启动 Photoshop 8.0，按 Ctrl+N 快捷键打开新建文件对话框，在弹出的对话框中设置其参数，如图 7-258 所示，单击 ![好] 按钮，得到定制的画布。

（2）打开随书光盘"水果招贴广告"文件夹中如图 7-259 所示的图片。

图 7-258　"新建"文件对话框中的参数设置

图 7-259　图片

（3）将其拖入到新建的文件中，调整图片位置及大小，效果如图 7-260 所示。

图 7-260 图片在新建文件中的位置及大小

(4)打开随书光盘"水果招贴广告"文件夹中如图 7-261 所示的图片,并将图中的水果"抠取"出来,拖到"水果招贴广告"图像文件中,调整其大小,如图 7-262 所示。

图 7-261 水果图片   图 7-262 "抠取"的水果在新图像文件中的状态

(5)选择工具箱中的 工具,在背景层上框选如图 7-263 所示的选区,设置前景色为 #488832,按 Alt+Delete 快捷键将选区填充前景色,按 Ctrl+D 快捷键取消选区,得到如图 7-264 所示的效果。

图 7-263 用矩形选框工具框选的范围   图 7-264 给选区填充前景色后的效果

（6）新建一个图层，选择 ▢ 工具，在新建的图层上框选如图 7-265 所示的选区，设置前景色为#488832，背景色为#FFFFFF，选择 ▢ 工具，在工具属性栏中单击线性渐变按钮 ▢，给选区填充线性渐变，按 Ctrl+D 快捷键取消选区，得到如图 7-266 所示的效果。

图 7-265　用矩形选框工具框选的范围　　　　　图 7-266　给选区填充线性渐变后的效果

（7）设置前景色为#795D13，选择工具箱中的 T 工具，在画布上单击并输入文字"罗江鸿园贡梨"，给该文字图层添加一个"描边"样式，描边颜色为#E4EC6A，描边的参数如图 7-267 所示。

（8）单击 好 按钮，得到如图 7-268 所示的效果。

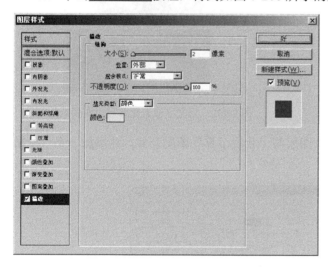

图 7-267　"描边"样式中的参数设置　　　　　图 7-268　文字添加描边样式后的效果

（9）设置前景色为#F24320，选择工具箱中的 T 工具，在画布上单击并输入文字"今夏"，给该文字层添加一个"描边"样式，描边颜色为#FFFFFF，描边的参数如图 7-269 所示。

（10）单击 好 按钮，得到如图 7-270 所示的效果。

（11）设置前景色为#F24320，选择工具箱中的 T 工具，在画布上单击并输入文字"我说了算"，同样给该文字层添加一个"描边"样式，得到如图 7-271 所示的效果。

（12）在图层控制面板的文字图层上单击鼠标右键，在弹出的快捷菜单中选择 栅格化图层 选项，将文字像素化。按 Ctrl+T 快捷键对文字进行如图 7-272 所示的变换。

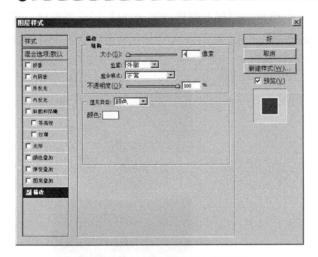

图 7-269 "描边"样式中的参数设置　　图 7-270 文字添加描边样式后的效果

图 7-271 输入"我说了算"的文字　　图 7-272 对文字像素化并自由变换后的效果

（13）在图层控制面板中将"今夏"图层与"我说了算"图层合并，并添加一个"投影"样式，其参数设置如图 7-273 所示。

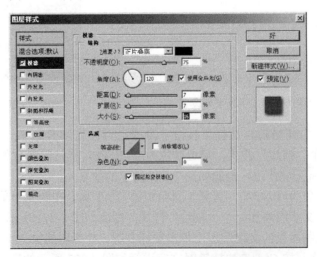

图 7-273 "投影"样式对话框中的参数设置

（14）单击 [好] 按钮，得到如图 7-274 所示的效果。

（15）在文字层之上新建一个图层。选择工具箱中的 工具，在工具属性栏中确认添加到选区的 按钮处于被选中状态，在画布上创建如图 7-275 所示的选区。

图 7-274　对文字添加投影样式后的效果

图 7-275　用折线套索工具创建的选区

（16）设置前景色为#F24320，按 Alt+Delete 快捷键给选区填充前景色，按 Ctrl+D 取消选区，得到如图 7-276 所示的效果。

（17）设置前景色为#FFFFFF，选择工具箱中的 工具，在画布上单击并输入文字"达州市罗江鸿园水果基地　地址：四川省达州市罗江镇　电话：0818-8888888"，同样给该文字层添加一个"描边"样式，这样就得到了如图 7-277 所示的"水果招贴广告"效果。

图 7-276　给选区填充前景色后的效果

图 7-277　输入文字后的效果

7.6.2　楼盘广告设计

【制作要点】

本实例将设计一个楼盘广告，在该实例中主要练习图像的构成及文字的排版。

【操作步骤】

（1）启动 Photoshop 8.0，按 Ctrl+N 快捷键打开新建文件对话框，在弹出的对话框中设置其参数，如图 7-278 所示，单击 [好] 按钮，得到定制的画布。

图 7-278 "新建"文件对话框中的参数设置

(2)打开随书光盘中"阳光花园 A 区"图片,如图 7-279 所示。

图 7-279 光盘中的图片

(3)将该图片拖到"楼盘广告"图像文件中,并进行水平镜像变换,调整其位置及大小,如图 7-280 所示。

(4)单击图层控制面板上的 ![] 按钮,给该图片层添加一个图层蒙版,选择 ![] 工具并给蒙版层填充线性渐变,得到如图 7-281 所示的效果。

图 7-280 调整该图片在楼盘广告文件中的大小和位置　　图 7-281 给蒙版层填充线性渐变后的效果

(5)在蒙版层之上新建一个图层,选择 ![] 工具并创建如图 7-282 所示的选区。设置前景色为#5A8FC3,背景色为#FFFFFF,选择 ![] 工具并给选区填充线性渐变,得到如图 7-283 所示的效果。

第 7 章 案例实战   141

图 7-282　用矩形选框工具创建的矩形选区　　　　图 7-283　给选区填充线性渐变后的效果

（6）在图层控制面板中调整线性渐变填充层的不透明度值为 80%，按 Ctrl+D 快捷键取消选区，得到如图 7-284 所示的效果。

图 7-284　调整线性渐变填充层的不透明度的效果

（7）新建一个图层，选择 工具并创建如图 7-285 所示的选区。设置前景色为#4F0226，按 Alt+Delete 快捷键给选区填充前景色，按 Ctrl+D 快捷键取消选区，得到如图 7-286 所示的效果。

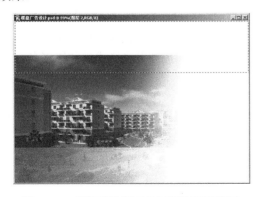 

图 7-285　用矩形选框工具创建的矩形选区　　　　图 7-286　给选区填充前景色后的效果

（8）新建一个图层，选择 工具并创建如图 7-287 所示的选区。设置前景色为#EBC618，按 Alt+Delete 快捷键给选区填充前景色，按 Ctrl+D 快捷键取消选区，得到如图 7-288 所示的效果。

图 7-287　用矩形选框工具创建的矩形选区　　　　图 7-288　给选区填充前景色后的效果

（9）新建一个图层，设置前景色为#2F1002，选择 ＼ 工具，确认直线工具属性栏中的填充像素按钮 ▢ 处于被选中状态，设置直线的粗细值为 2 像素，在新建的图层上绘制出如图 7-289 所示的直线。

（10）新建一个图层，选择 ▢ 工具并创建如图 7-290 所示的选区。设置前景色为# EBC618，按 Alt+Delete 快捷键给选区填充前景色，按 Ctrl+D 快捷键取消选区。

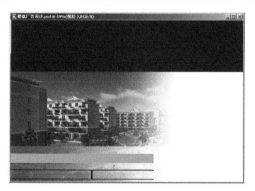
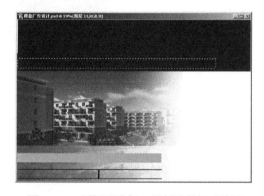

图 7-289　用直线工具绘制的线条　　　　　　图 7-290　用矩形选框工具创建的矩形选区

（11）单击图层控制面板上的 ▢ 按钮，在展开的样式菜单中选择 外发光… 选项，给填充后的矩形添加一个"外发光"样式，把参数设为默认值。添加外发光样式后的矩形条效果如图 7-291 所示。

（12）新建一个图层，设置前景色为# FFFFFF，选择 ＼ 工具，确认直线工具属性栏上的填充像素按钮 ▢ 处于被选中状态，设置直线的粗细值为 2 像素，在新建图层上绘制出如图 7-292 所示的直线。

（13）打开随书光盘中"人物 1"图像文件，如图 7-293 所示。选择 ▢ 工具，创建如图 7-294 所示的闭合路径形状。

（14）按 Ctrl+Enter 快捷键将路径转换为选区，再按 Ctrl+Alt+D 快捷键将选区羽化 2 像素。拖动选区内的图像到"楼盘广告"文件中，并调整其大小和位置，得到如图 7-295 所示的效果。

（15）打开随书光盘该实例文件夹中"客厅 1"、"客厅 2"、"客厅 3"、"阳光大厅"、"阳光酒店"、"电梯间"图片，然后拖入"楼盘广告"文件中，调整其大小和位置，如图 7-296 所示，将调整好的图片层加上链接符，按 Ctrl+E 快捷键合并链接层。

第 7 章 案例实战 143

图 7-291　给矩形条添加外发光样式后的效果

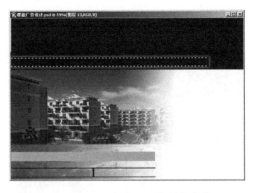

图 7-292　用直线工具绘制的直线

图 7-293　打开的人物图片

图 7-294　用钢笔工具创建的路径形状

图 7-295　调整人物大小和位置后的效果

图 7-296　调整所拖入图片的大小和位置后的效果

（16）设置前景色为#330505，选择 T 工具，在画布上单击并输入文字"主"，其效果如图 7-297 所示。

（17）给该文字层添加"投影"、"外发光"、"斜面和浮雕"样式，其中"投影"及"外发光"样式参数为默认值，"斜面和浮雕"样式对话框中的参数设置如图 7-298 所示。

（18）单击　好　按钮，得到如图 7-299 所示的效果。

图 7-297　输入文字

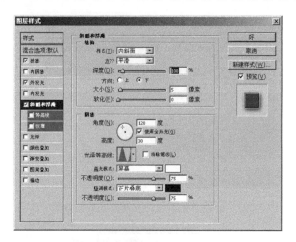

图 7-298　"斜面和浮雕"样式对话框中的参数设置

图 7-299　给文字添加"投影"、"外发光"、"斜面和浮雕"样式后的效果

（19）设置前景色为#FFFFFF，选择 T 工具，在画布上单击并输入文字"妇女节真情演绎"，并设置该层的不透明度值为 25%，得到如图 7-300 所示的效果。

图 7-300　输入文字

（20）设置前景色为#FFFFFF，选择 T 工具，在画布上单击并输入文字"我们不必在男女间所谓平等的问题上纠缠，正如螺丝与螺帽间分不清谁的作用更大、更好！本身和谐统一的东西何必再计较谁主谁从？用"敬"来表达对她们的"重"本身就是一种美。选定特殊的日子，营造完美的空间……最为合适的方式莫过于是对"家"的器重。将其中"敬"、"重"的文字颜色设置为#F34528，将文字"家"的颜色设置为#000000，并排版成如图 7-301 所示的效果。

图 7-301　输入文字并排版后的效果

（21）在文字层之下新建一个图层，并添加如图 7-302 所示的形状作为文字背衬。

（22）设置前景色为# F12C22，选择 T 工具，在画布上单击并输入文字"3 月 6 日~3 月 15 日"，移动该文字的位置，得到如图 7-303 所示的效果。

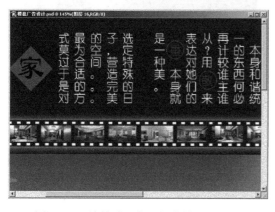

图 7-302　给特殊文字添加背衬后的效果

图 7-303　输入日期文字

（23）设置前景色为#000000，选择 T 工具，在画布上单击并输入文字"一次性付款给予 6%的优惠。按揭付款给予 4%的优惠"，将其中的"6%"、"4%"文字的颜色设置为#F12C22，并加大字号，移动该文字的位置，得到如图 7-304 所示的效果。

（24）设置前景色为#000000，选择 T 工具，在画布上单击并输入文字"凡在活动期间在阳光花园购房的女性均可享受活动期间购房业主均可获赠：家庭升降式晾衣架"，将输入的文字排版成如图 7-305 所示的效果。

（25）继续输入"开发商"、"地址"等文字，并移动其位置，得到如图 7-306 所示的效果。

（26）打开随书光盘中该实例文件夹中的标志，并拖入到该图像的文件中，调整其大小和位置，得到如图 7-307 所示的效果。"楼盘广告"的设计完毕。

图 7-304 输入并调整后的文字

图 7-305 输入并排版后的文字

图 7-306 继续完善其他文字

图 7-307 完成后的楼盘广告

7.6.3 笔记本电脑海报

【制作要点】

在进行海报设计时要对所表达的信息内容详略得当地进行铺陈，使海报具有条理清晰的特点，要做到这一切，就必须从构图上下功夫，以争取能吸引眼球。

【操作步骤】

（1）启动 Photoshop 8.0，按 Ctrl+N 快捷键打开新建文件对话框，在弹出的对话框中设置其参数，如图 7-308 所示，单击 按钮，得到定制的画布。

图 7-308 "新建"文件对话框中的参数设置

（2）设置前景色为#050F49，按 Alt+Delete 快捷键填充背景图层，得到如图 7-309 所示的效果。

（3）单击图层控制面板上的 按钮，新建一个图层，选择工具箱中的 工具，在工具属性栏中选择从前景色到透明的渐变方式 ，并设置前景色为白色，然后在画布上从下往上拖动鼠标，得到如图 7-310 所示的渐变填充效果。

图 7-309　给背景图层填充前景色后的效果　　　图 7-310　给新建图层填充透明渐变后的效果

（4）单击图层控制面板上的 按钮，新建一个图层，选择工具箱中的 工具，在画布上创建如图 7-311 所示的选区，设置前景色为#FEA915，按 Alt+Delete 快捷键给选区填充前景色，得到如图 7-312 所示的效果，按 Ctrl+D 快捷键取消选区。

图 7-311　创建的圆形选区　　　　　　图 7-312　给选区填充前景色后的效果

（5）单击图层控制面板下方的 按钮，在展开的样式菜单中选择 外发光 选项，并设置其参数，如图 7-313 所示，其中外发光颜色为#FFFFFF。

（6）单击 按钮，得到如图 7-314 所示的效果。

（7）打开随书光盘该实例文件夹下如图 7-315 所示的"笔记本电脑1"图片，将笔记本形状载入选区并拖到"笔记本海报"图像文件中，调整其大小及位置，得到如图 7-316 所示效果。

（8）单击图层控制面板上的 按钮，在笔记本电脑层之下新建一个图层，选择工具箱中的 工具，在画布上创建如图 7-317 所示的选区，设置前景色为#050F49，按 Alt+Delete 快捷键给选区填充前景色，其效果如图 7-318 所示。

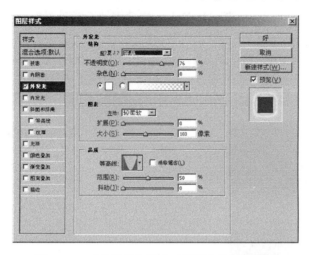

图 7-313 "外发光"样式对话框中的参数设置

图 7-314 添加"外发光"样式后的效果　　　图 7-315 打开的"笔记本电脑 1"图片

图 7-316 调整后的"笔记本电脑 1"图片　　　图 7-317 用折线套索工具创建的选区

（9）设置该填充层的图层不透明度值为 30%，按 Ctrl+D 快捷键取消选区，得到如图 7-319 所示的效果。

（10）打开随书光盘该实例文件夹中如图 7-320 所示的图像，将其拖入"笔记本电脑海报"图像文件中，调整其大小及位置，如图 7-321 所示。

第 7 章 案例实战 149

图 7-318 给选区填充前景色后的效果

图 7-319 调整图层不透明度值后的效果

图 7-320 标志

图 7-321 调整标志后的效果

（11）设置前景色为#EC4923，选择 T 工具，在画布上单击并输入广告文字"畅联新科技 生活更有趣"，调整其位置，如图 7-322 所示。

（12）单击图层控制面板下方的 按钮，在展开的样式菜单中选择 投影... 及 描边... 选项，并设置其参数，如图 7-323 所示，其中描边颜色为#FFFFFF。

图 7-322 输入文字后的效果

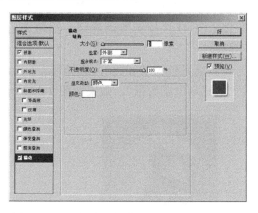

图 7-323 "描边"样式对话框中的参数设置

（13）单击 好 按钮，得到如图 7-324 所示的效果。

（14）设置前景色为#000000，选择 T 工具，在画布上输入两行广告文字"买畅联电脑有大礼相送"。将"礼"的字号改大，并设置其文字颜色为#EC4923，调整其位置，如图 7-325 所示。

图 7-324 给文字添加样式后的效果　　　　图 7-325 再次输入的广告文字效果

（15）单击图层控制面板上的 按钮，在笔记本电脑层之下新建一个图层，选择工具箱中的 工具，在画布上创建如图 7-326 所示的选区，设置前景色为#E7E941，按 Alt+Delete 快捷键给选区填充前景色，其效果如图 7-327 所示。

图 7-326 用折线套索工具创建的选区　　　　图 7-327 给选区填充前景色后的效果

（16）按 Ctrl+D 快捷键取消选区，给填充后的图像添加一个"投影"样式，其效果如图 7-328 所示。

（17）设置前景色为#000000，选择 T 工具，在画布上输入详细的说明文字，最后得到完成后的"笔记本电脑海报"，效果如图 7-329 所示。

图 7-328 给填充后的图像添加"投影"样式　　　　图 7-329 输入详细说明文字后的海报效果

读者意见反馈表

书名：Photoshop 8.0 案例教程上机指导与练习（第 2 版）　　主编：石文旭　　　　策划编辑：关雅莉

> 谢谢您关注本书！烦请填写该表。您的意见对我们出版优秀教材、服务教学都十分重要。如果您认为本书有助于您的教学工作，请您认真地填写表格并寄回。我们将定期给您发送我社相关教材的出版资讯或目录，或者寄送相关样书。

个人资料

姓名_____年龄____联系电话_____（办）_____（宅）_____（手机）

学校_____专业_____职称/职务_____

通信地址_____邮编_____E-mail_____

您校开设课程的情况为：

本校是否开设相关专业的课程　□是，课程名称为_____　□否

您所讲授的课程是_____课时_____

所用教材_____出版单位_____印刷册数_____

本书可否作为您校的教材？

□是，会用于_____课程教学　　□否

影响您选定教材的因素（可复选）：

□内容　　　□作者　　　□封面设计　　□教材页码　　□价格　　　□出版社

□是否获奖　□上级要求　□广告　　　　□其他_____

您对本书质量满意的方面有（可复选）：

□内容　　　□封面设计　□价格　　　□版式设计　　□其他_____

您希望本书在哪些方面加以改进？

□内容　　　□篇幅结构　□封面设计　□增加配套教材　□价格

可详细填写：_____
_____

您还希望得到哪些专业方向教材的出版信息？
_____

感谢您的配合，可将本表按以下方式反馈给我们：

【方式一】电子邮件：登录华信教育资源网（http://www.hxedu.com.cn/resource/OS/zixun/zz_reader.rar）下载本表格电子版，填写后发至 ve@phei.com.cn

【方式二】邮局邮寄：北京市万寿路 173 信箱华信大厦 902 室 中等职业教育分社 （邮编：100036）

如果您需要了解更详细的信息或有著作计划，请与我们联系。

电话：010-88254475；88254591

反侵权盗版声明

电子工业出版社依法对本作品享有专有出版权。任何未经权利人书面许可，复制、销售或通过信息网络传播本作品的行为；歪曲、篡改、剽窃本作品的行为，均违反《中华人民共和国著作权法》，其行为人应承担相应的民事责任和行政责任，构成犯罪的，将被依法追究刑事责任。

为了维护市场秩序，保护权利人的合法权益，我社将依法查处和打击侵权盗版的单位和个人。欢迎社会各界人士积极举报侵权盗版行为，本社将奖励举报有功人员，并保证举报人的信息不被泄露。

举报电话：（010）88254396；（010）88258888
传　　真：（010）88254397
E-mail：　dbqq@phei.com.cn
通信地址：北京市万寿路173信箱
　　　　　电子工业出版社总编办公室
邮　　编：100036